Autor

Urs Klingler

100 Personalkennzahlen

1. Auflage 2005

Coverfoto: cometis AG

Anmerkung:
Die Rechenwege, Erläuterungen sowie Interpretationen der einzelnen Kennzahlen geben zum Teil die persönliche Einschätzung des Autors wieder. Trotz sorgfältiger Recherche und Prüfung der Inhalte kann eine Garantie oder Haftung für die Richtigkeit oder Vollständigkeit nicht übernommen werden.

ISBN 3-9809461-6-9

Vorwort des Autors

Liebe Leser,

Die Mitarbeiter machen den entscheidenden Unterschied. Dies belegen verschiedene Studien und ist eine vielzitierte Aussage der Unternehmen über ihre Mitarbeiter. Trotzdem, dies zeigt die Praxis, wissen die Firmen und die zuständigen Human Ressources (HR)-Abteilungen relativ wenig über das sog. Human-Kapital.
Wer sind unsere Leistungsträger? Wo sind die fähigsten Teams? Wie effektiv ist unsere Führung und die Teamarbeit im internen und externen Vergleich? Wo rekrutieren wir die künftigen Mitarbeiter bzw. wo gehen unsere Mitarbeiter hin, wenn sie das Unternehmen verlassen? Dies sind nur einige Fragen, die sich Unternehmen wiederholt stellen müssen oder die ihnen begegnen.
Das vorliegende Handbuch zentraler HR-Kennzahlen soll den HR-Verantwortlichen gezielte Hinweise geben, um die Leistungsfähigkeit der Organisation mithilfe geeigneter Kennzahlen zu optimieren. Nicht nur die ermittelte Kennzahl alleine, sondern insbesondere ihre Entwicklung über die Zeit lassen schlüssige Erkenntnisse zu und ermöglichen gezielte Maßnahmen zur Weiterentwicklung der Organisation. Aus den Ergebnissen können die Prioritäten für das Human-Kapital für die nahe und mittelfristige Zukunft bestimmt werden. Bauchgefühle werden mit Fakten hinterlegt, Investitionen oder auch Kürzungen können glaubhaft vertreten und gezielte Fortschritte bei der Wirkung des Unternehmens erreicht und gemessen werden. Der Einsatz von HR-Kennzahlen fördert zudem die Transparenz des Unternehmens und dient Mitarbeitern, Investoren und anderen Stakeholdern zur verbesserten Einschätzung und Analyse. Das Unternehmen wird dadurch in Bezug auf das Human-Kapital vertrauenswürdiger und als echter Geschäftspartner akzeptiert. Das Buch ist daher ein idealer Begleiter für Personalleiter, HR-Manager, HR-Berater und auch für interessierte Studenten.
Sofern Ihr Unternehmen erst beginnt, die Leistungsfähigkeit der Human Ressources zu überprüfen, so messen Sie zu Beginn nicht zuviel auf einmal. Zehn bis 15 zentrale Kenngrößen verhelfen Ihnen und Ihrem Unternehmen, erste wichtige Erkenntnisse zu erlangen und somit zielgerichtete und fundierte Entscheidungen in Bezug auf Ihre wichtigste Ressource – Ihre Mitarbeiter – treffen zu können.

Urs Klingler

Fragen, Anregungen und Kommentare bitte an: **HR@cometis.de**

Inhaltsverzeichnis

1. Beispielhafter HR-Report

1.1 Finanzdaten 11
1.2 HR-Kennzahlen 12

2. Strategie und Prozessplanung (Leistungsfähigkeit der Organisation)

Rendite
2.1 Human Economic Value Added (HEVA) 19
2.2 Kapitalrendite des Human-Kapitals (HCROI) 20
2.3 Wertschöpfung des Human-Kapitals (HCVA) 21
2.4 Netto-Gewinn (NOPAT) pro Vollzeitäquivalent 22
2.5 Jahresüberschuss pro Vollzeitäquivalent 23

Kosten
2.6 Durchschnittlicher Personalaufwand 24
2.7 EBIT pro Vollzeitäquivalent 25
2.8 Vollkosten des Human-Kapitals (HCCF) pro Vollzeitäquivalent 26
2.9 Cash Flow pro Vollzeitäquivalent 27
2.10 Umsatz pro Vollzeitäquivalent 28
2.11 Überstunden pro Vollzeitäquivalent 29
2.12 Personalintensität 30
2.13 Jahresüberschuss/Personalaufwandsverhältnis 31
2.14 Umsatzrendite 32
2.15 Umsatz durch neue Produkte pro Vollzeitäquivalent 33

Leistungsbemessung
2.16 Durchgeführte Mitarbeiterbeurteilungen 34
2.17 Verhältniszahl zur Nachfolgeplanung 35
2.18 Verteilung der Leistungsbemessung 36
2.19 Verteilung der Leistungsbemessung bei Neuanstellungen 37

Personalqualität
2.20 Personalaufwandsstruktur 38
2.21 Netto-Personalbedarfsbestimmung 39
2.22 Aufgabendeckungsziffer (Strategic Job Coverage Ratio) 40
2.23 Entsendungsquote (Expatriates-Quote) 41
2.24 Durchschnittliche Verweildauer von Expatriates im Ausland 42

Inhaltsverzeichnis

2.	**Strategie und Prozessplanung (Leistungsfähigkeit der Organisation)**	
	Ausgestaltung der Organisation	
2.25	Altersstruktur	43
2.26	Anteil der Fremdmitarbeiter	44
2.27	Beschäftigungsstruktur	45
2.28	Betriebszugehörigkeitsstruktur	46
2.29	Durchschnittsalter der Mitarbeiter	47
2.30	Frauen-/Männeranteil	48
2.31	Qualifikationsstruktur	49
2.32	Durchschnittlicher Beschäftigungsgrad	50
2.33	Prozentsatz nach Vollzeitäquivalenten	51
2.34	Verhältniszahl Geschäftsleitungsmitglieder zu Mitarbeitern	52
	HR-Struktur	
2.35	Durchschnittliche Personalkosten pro HR-Mitarbeiter (HR Compensation Factor)	53
2.36	HR-Kosten im Verhältnis zum Gesamtaufwand (HR Expense Percentage)	54
2.37	HR-Kosten pro Mitarbeiter (HR FTE Investment Factor)	55
2.38	Quote für HR-Auslagerungskosten (HR Outsourcing Percentage)	56
2.39	Aufgliederung der HR-Organisation (HR Structure Breakdown)	57 57
2.40	Verhältniszahl HR-Vollzeitäquivalente	58

3.	**Personal- und Ressourcenplanung**	
	Rekrutierung	
3.1	Blindbewerbungsindikator (Spontanbewerbungen)	61
3.2	Gesamtbesetzungskosten einer Stelle (interne und externe Kosten)	62
3.3	Anzahl Einstellungen pro Recruiter	63
3.4	Durchschnittliche Vakanzdauer bis zur Stellenbesetzung	64
3.5	Inseratkosten pro Einstellung	65
3.6	Anzahl Bewerber pro Inserat	66
3.7	Effizienz der Rekrutierungs-Interviews	67

Inhaltsverzeichnis

3.	Personal- und Ressourcenplanung	
3.8	Einstellungseffizienz pro Rekrutierungskanal	68
3.9	Einstellungsquote	69
3.10	Externe Zugangsquote	70
3.11	Interne Zugangsquote	71
3.12	Externe Personalbeschaffungskosten	72
3.13	Anstellungsquote der Hochschulabsolventen	73
	Abgänge	
3.14	Fluktuationsrate	74
3.15	Frühfluktuationsrate	75
3.16	Ordentliche Abgangsquote	76
3.17	Ordentliche Abgangsquote nach Beschäftigungsdauer	77
3.18	Außerordentliche Abgangsquote	78
3.19	Frühpensionierungen im Verhältnis zu ordentlichen Pensionierungen	79
3.20	Durchschnittliche Frühpensionierungskosten pro Fall	80
3.21	Durchschnittliche Outplacementkosten pro Fall	81
3.22	Fluktuationskosten (direkte und indirekte Kosten) pro Mitarbeiter	82
3.23	Fluktuationskosten im Verhältnis zu Personalkosten	83
3.24	Anteil Kündigungen von Leistungsträgern	84

4.	Vergütung und Lohnnebenleistungen	
4.1	Lohnabrechnungskosten pro Jahr (Cost per Payslip)	87
4.2	Durchschnittliche Vergütung pro Vollzeitäquivalent	88
4.3	Umsatz-Personalkosten Vergleich (Arbeitsintensität)	89
4.4	Gesamtvergütungsentwicklung	90
4.5	Lohnformenstruktur	91
4.6	Variabler Vergütungsanteil	92
4.7	Anteil der Lohnnebenkosten	93
4.8	Vergütungsfaktor Führungskräfte	94
4.9	Vergütungsfaktor Geschäftsleitung	95
4.10	Durchschnittliche Personalkosten pro Arbeitstunde	96
4.11	Durchschnittliche Kosten pro Freelancer und Tag	97
4.12	Innerbetrieblicher Lohnfaktor	98

Inhaltsverzeichnis

5. Versicherungen und betriebliche Vorsorge

Abwesenheiten / Krankheiten / Unfälle

5.1 Krankenquote 101
5.2 Unfallquote 102
5.3 Ausfallzeitkosten pro Vollzeitäquivalent und Tag 103
5.4 Quote der Burnout-Fälle pro Jahr 104

Pensionskasse

5.5 Ordentliche Pensionierungen pro Jahr in Prozent 105
5.6 Frühzeitige Pensionierungen pro Jahr in Prozent 106
5.7 Pensionierungen aus gesundheitlichen Gründen pro Jahr in Prozent 107

6. Betreuung und Administration

6.1 Unterjährige Abwesenheitsstruktur 111
6.2 Durchschnittliche Anzahl der Überstunden 112
6.3 Durchschnittlicher Rest-Jahresurlaub 113
6.4 Kündigungsquote 114
6.5 Kündigungsquote der in den letzten fünf Jahren eingestellten Mitarbeiter 115
6.6 Mitarbeiter-Engagement-Index 116
6.7 Nutzungsgrad betrieblicher Sozialeinrichtungen 117
6.8 Überstundenkosten pro Mitarbeiter 118
6.9 Kosten für Resturlaub pro Mitarbeiter 119
6.10 Mobbingquote 120

7. Unternehmensentwicklung

7.1 Anteil geschulter Mitarbeiter pro Jahr 123
7.2 Schulungsvergütungsanteil 124
7.3 Anzahl Aus- und Weiterbildungstage pro Vollzeitäquivalent und Jahr 125
7.4 Schulungsinvestitionsfaktor pro Vollzeitäquivalent 126
7.5 Schulungsinvestitionsfaktor inkl. Trainees 127
7.6 Kosten pro internem Trainingstag 128
7.7 Kosten pro extern durchgeführtem Trainingstag 129

Kapitel 1

Beispielhafter HR-Report

1.1 Finanzdaten

in Mio. €

	Berichtsjahr	Vorjahr
Umsatz	14.019	14.226
Operative Kosten	12.567	12.810
EBIT	1.452	1.416
EBT	1.497	1.434
Jahresüberschuss	882	849
NOPAT	1.891	1.788
Kapitalkosten	1.400	1.355
Cash Flow aus operativer Geschäftstätigkeit	1.134	1.100
Operative Kosten (ohne Personalkosten)	10.114	10.407
Umsatz durch neue Produkte	1.682	1.644

1.2 HR-Kennzahlen

Kosten	
Personalkosten (gesamt)	2.453 Mio. €
Beteiligungsmodelle (LTI)	368 Mio. €
Variabler Anteil (STI)	221 Mio. €
Grundgehälter	1.494 Mio. €
Lohnnebenkosten	250 Mio. €
Altersvorsorge	120 Mio. €
Personalkosten Vorjahr	2.403 Mio. €
Gehälter für Geschäftsleitungsmitglieder	124,0 Mio. €
Gehälter für Führungskräfte	1.040 Mio. €
Kosten für Freelancer und Consultants	266,0 Mio. €
Kosten für Zeitarbeiter	45,0 Mio. €
HR-Personalkosten	30,6 Mio. €
HR-Gesamtkosten	70,5 Mio. €
Gesamtkosten für die Lohnabrechnung	16,9 Mio. €
Kosten für Abwesenheit	46,0 Mio. €
Kosten für Fluktuation	92,2 Mio. €
Gesamtkosten für Burnout	1,8 Mio. €
Aufwendungen für externe Sozialberatung	2,3 Mio. €
Rekrutierungskosten (interne und externe)	42,1 Mio. €
Rekrutierungskosten (externe)	29,4 Mio. €
Inseratkosten pro Jahr	2,9 Mio. €
Gesamtfrühpensionierungskosten	22,8 Mio. €
Gesamtkosten für Outplacements	5,1 Mio. €
Aus- und Weiterbildungskosten pro Jahr	11,9 Mio. €
Aus- und Weiterbildungskosten inkl. Trainees und Azubis	60,3 Mio. €
Kosten interne Trainings	25,1 Mio. €
Kosten externe Trainings	4,0 Mio. €

1.2 HR-Kennzahlen

Mitarbeiterstruktur	
Durchschnittliche Mitarbeiteranzahl (Köpfe)	52.100 MA
Anzahl Vollzeitäquivalente (FTE)	46.000 FTE
Anzahl Geschäftsleitungsmitglieder	173 MA
Anzahl Zeitarbeiter	1.410 MA
Anzahl Expatriates	4.210 MA
Anzahl Fremdmitarbeiter	3.560 MA
Anzahl Männer	44.000 MA
Anzahl Frauen	8.100 MA
Anzahl Mitarbeiter mit Beschäftigungsgrad 50%	1.200 MA
Durchschnittsalter der Belegschaft	42 Jahre
Durchschnittliche Betriebszugehörigkeit	8,6 Jahre
Anzahl Schlüsselpositionen	3.200 Positionen
Anzahl Mitarbeiter mit strategisch wichtigen Qualifikationen	5.750 MA
Bedarf an Mitarbeitern mit strategisch wichtigen Qualifikationen	9.000 MA
HR-FTE	522 FTE
HR-Personen	612 MA
HR-Business-Partner	20 MA
HR-Recruiter	100 MA
Abwesenheitsstruktur	
Durchschnittliche Anzahl abwesender Mitarbeiter	828 MA
Durchschnittliche Anzahl kranker Mitarbeiter	611 MA
Durchschnittliche Krankheitsdauer	6,8 Tage
Durchschnittliche Anzahl verunfallter Mitarbeiter	217 MA
Durchschnittliche Abwesenheit pro Unfall	16,0 Tage
Krankheit	938 MA
Unfall	208 MA
Urlaub	5.731 MA
Aus- und Weiterbildung	1.980 MA
Dienstreise	2.397 MA
Anzahl Burnoutfälle	24 MA
Summe der Resturlaubstage	552.000 Tage
Vertretungsspanne	0,4 MA

1.2 HR-Kennzahlen

Rekrutierung und Abgänge	
Anzahl Blindbewerbungen	131.400
Zugänge (Rekrutierungen im letzten Jahr inklusive interner Wechsel)	3.900 MA
Interne Versetzungen	54 MA
Anzahl Anstellungen direkt ab Hochschule	200
Summe aller Vakanzen	24.570 Monate
Anzahl Inserate	2.450
Anzahl Bewerber via Inserat	21.805
Anzahl Interviews	36.660
Abgänge (Gesamt)	3.600 MA
Abgänge mit weniger als fünf Dienstjahren	3.100 MA
Ordentliche Kündigungen	3.245 MA
Kündigungen durch den Betrieb	355 MA
Frühabgänge	400 MA
Summe Dienstalter bei Austritt	33.150 Jahre
Anzahl Pensionierungen	1.322 MA
Anzahl Pensionierungen bei Erreichen der Altersgrenze	1.064 MA
Anzahl frühzeitige Pensionierungen (freiwillige und unfreiwillige)	204 MA
davon aus gesundheitlichen Gründen	54 MA
Anzahl Outplacements	255 MA
Aus- und Weiterbildung	
Anzahl Mitarbeiter in Aus- oder Weiterbildung pro Jahr	1.980 MA
Durchschnittliche Ausbildungstage	8,6 Tage
Anzahl interne Trainingstage	9.034 Tage
Anzahl externe Trainingstage	7.994 Tage

1.2 HR-Kennzahlen

Sonstige Kennzahlen	
Anzahl Mobbingfälle	121 MA
Zwischenzeugnisse pro Jahr	16.500 Zeugnisse
Anzahl Sozialdienstbesuche pro Jahr	3.420 Besuche
Summe aller SOLL-Arbeitsstunden	80,9 Mio. Std.
Summe aller IST-Arbeitsstunden	93,1 Mio. Std.
Summe der durchgeführten Mitarbeiterbeurteilungen	41.200
Brutto-Personalbedarf	48.000 MA
Freelancer Tage	209.944 Tage
Summe der Monate von Expatriates im Ausland	67.500 Monate
Commitment Index des eigenen Unternehmens	80
Commitment Index vergleichbarer Firmen	112

Kapitel 2

Strategie und Prozessplanung (Leistungsfähigkeit der Organisation)

2.1 Human Economic Value Added (HEVA)

Formel

$$\frac{\text{NOPAT} - \text{Kapitalkosten}}{\text{Summe Vollzeitäquivalente*}}$$

***Definition Vollzeitäquivalent:** Ein Mitarbeiter der mit dem Unternehmen einen Vertrag über ein Arbeitspensum von 50% vereinbart hat, wird mit 50% berücksichtigt. Zwei Mitarbeiter mit 50% Arbeitspensum und ein Mitarbeiter mit einem 100% Pensum ergeben zwei Vollzeitäquivalente.

Rechenbeispiel

$$\frac{1.891 \text{ Mio. €} - 1.400 \text{ Mio. €}}{46.000} = \mathbf{10.674\ €}$$

Erläuterung

Der Human Economic Value Added (HEVA) ist eine Erweiterung des Economic Value Added-Gedankens (EVA), bei dem ein Unternehmen nur dann Wert für den Investor generiert, wenn die Rendite auf das eingesetzte Kapital (ROIC) die zugrunde liegenden Kapitalkosten (WACC) eines Unternehmens übersteigt. Diese Überrendite multipliziert mit dem investierten Kapital führt zur jährlichen Wertsteigerung bzw. -vernichtung eines Unternehmens. Der EVA eines Jahres dividiert durch die Summe der Vollzeitäquivalente (engl. Full-time equivalents – FTE) führt zur Kennzahl Human Economic Value Added (HEVA). Diese beschreibt die erwirtschaftete Überrendite je Vollzeitkraft.

Vorteile	Nachteile
• Es kann auf jährlicher Basis die Wertgenerierung bzw. Wertzerstörung pro Mitarbeiter ermittelt werden • Kapitalmarktorientierte Kennzahl	• HEVA sollte im Zeitverlauf beachtet werden • HEVA ist nur ein Durchschnittswert pro Mitarbeiter, sollte ggf. auf einzelne Geschäftssparten aufgegliedert werden

2.2 Kapitalrendite des Human-Kapitals (HCROI)

Formel

$$\frac{\text{Umsatz} - (\text{Operative Kosten} - \text{Personalaufwand})}{\text{Personalaufwand}}$$

Rechenbeispiel

$$\frac{14.019 \text{ Mio. €} - (12.567 \text{ Mio. €} - 2.453 \text{ Mio. €})}{2.453 \text{ Mio. €}} = \mathbf{1{,}59\ €}$$

Erläuterung

Die Kapitalrendite des Human-Kapitals errechnet sich aus dem operativen Ergebnis abzüglich des Personalaufwands, dividiert durch den Personalaufwand. Das Ergebnis drückt aus, wie viel Euro durch einen Euro Personalaufwand erwirtschaftet werden konnte. Im errechneten Beispiel wird pro eingesetztem Euro ein operatives Ergebnis von 1,59 EUR erzielt, was ein überdurchschnittlich gutes Resultat ist. Die Kennzahl macht insbesondere im Zeitverlauf eine Aussage zur Produktivität des Unternehmens bzw. auch zur Wirtschaftlichkeit des eingesetzten Personals.

Vorteile	**Nachteile**
• Einfach zu ermitteln • Gibt im Branchenvergleich Aufschluss über Effizienz des Personaleinsatzes • Setzt Ertrag und Aufwand des Human-Kapitals ins Verhältnis	• Wird noch relativ selten ermittelt (daher wenig Vergleichszahlen verfügbar) • Nicht sinnvoll für industrieübergreifende Vergleiche, da hohe Unterschiede festzustellen sind

2.3 Wertschöpfung des Human-Kapitals (HCVA)

Formel

$$\frac{\text{Umsatz} - (\text{Operative Kosten} - \text{Personalaufwand})}{\text{Summe Vollzeitäquivalente}}$$

Rechenbeispiel

$$\frac{14.019 \text{ Mio. €} - (12.567 \text{ Mio. €} - 2.453 \text{ Mio. €})}{46.000} = \mathbf{84.891\ €}$$

Erläuterung

Früher wurde zur Ermittlung der Produktivität nur der Umsatz pro Mitarbeiter ermittelt, später pro Vollzeitäquivalent (FTE). Mit dem Einsatz des Kostenfaktors Human-Kapital (HCCF) wird die Formel jedoch erweitert, was die Aussagekraft weiter steigert. Somit wird durch diese Formel die durchschnittliche Wertschöpfung des Human-Kapitals ermittelt. Alle Unternehmensaufwendungen mit Ausnahme der Personalkosten werden vom Umsatz abgezogen. Durch die Division mit der Summe der Vollzeitäquivalente wird der Durchschnittsertrag pro Vollzeitäquivalent ermittelt. Wahlweise können zusätzlich auch die Kosten für Zeitbeschäftigte, Abwesenheit und Fluktuation als Teil der Personalkosten berücksichtigt werden.

Vorteile	Nachteile
• Vergleichbare Zahl zu Bruttogewinn pro FTE • Ertragsbeitrag pro Mitarbeiter wird aufgedeckt • Im Branchenvergleich kann weiteres Produktivitätspotential analysiert werden	• Keine Aussage zur Kapitalrendite • Durchschnittskennzahl, die für einzelne Unternehmensbereiche stark schwanken kann

2.4 Netto-Gewinn (NOPAT) pro Vollzeitäquivalent

Formel

$$\frac{\text{NOPAT}}{\text{Summe Vollzeitäquivalente}}$$

Rechenbeispiel

$$\frac{1.891 \text{ Mio. €}}{46.000} = \mathbf{41.109\ €}$$

Erläuterung

Das NOPAT (Net Operating Profit After Tax) ist der operative Nettogewinn nach Steuern. Er beschreibt, welchen Profit das Unternehmen im Falle einer reinen Eigenkapitalfinanzierung erwirtschaften würde. Indem das NOPAT ins Verhältnis zur Anzahl der Mitarbeiter gesetzt wird, erhält der Betrachter eine bereinigte Gewinngröße je Vollzeitäquivalent. Diese Kennzahl ist weniger verfälscht als der rein buchhalterische Gewinn (Jahresüberschuss) pro Mitarbeiter und somit aussagekräftiger für die Analyse.

Vorteile	Nachteile
• International vergleichbar • Für innerbetriebliche Vergleiche zwischen Gesellschaften sinnvoll • Lässt im Zeitverlauf den Produktivitätszuwachs erkennen • Durch das NOPAT ist die Kennzahl unabhängig von der Finanzierungsstruktur	• Schwierig zu ermitteln, da eine Vielzahl von Adjustierungen zur Ermittlung des NOPAT möglich ist • NOPAT basiert auf Rechnungslegungsmaterial, daher weniger genau als Cash Flows, weil Rechnungslegungsvorschriften zum Tragen kommen

2.5 Jahresüberschuss pro Vollzeitäquivalent

Formel

$$\frac{\text{Jahresüberschuss}}{\text{Summe Vollzeitäquivalente}}$$

Rechenbeispiel

$$\frac{882 \text{ Mio. €}}{46.000} = \mathbf{19.174\ €}$$

Erläuterung

Der Jahresüberschuss ergibt sich als positive (sonst: Jahresfehlbetrag) Differenz zwischen den Erträgen und den Aufwendungen der betrachteten Periode, in der Regel des Kalenderjahres. Bei der Ermittlung werden Gewinn- bzw. Verlustvortrag und Entnahmen und Einstellungen aus/in offene Rücklagen nicht berücksichtigt. Die Kennzahl Jahresüberschuss pro Vollzeitäquivalent ermittelt somit den Gewinnbeitrag pro Vollzeit-Mitarbeiter. Zu berücksichtigen ist jedoch, dass der Jahresüberschuss z.B. durch einmalige Sondereffekte (Abschreibungen) beeinträchtigt sein kann, was die Aussagekraft der Kennzahl einschränkt.

Vorteile	**Nachteile**
• Vergleiche zwischen Gesellschaften sind einfach zu ermitteln • Einfach zu verstehen • Zusammenhang zwischen Gewinn- und Vollzeitäquivalent-Entwicklung im Zeitverlauf erkennbar	• International nicht vergleichbar • Der Jahresüberschuss pro Mitarbeiter ist weniger aussagekräftig als der Cash Flow oder das NOPAT • Technische Entwicklungen und Rationalisierungen sind im Detail nicht erkennbar

2.6 Durchschnittlicher Personalaufwand

Formel

$$\frac{\text{Personalaufwand}}{\text{Summe Vollzeitäquivalente}}$$

Rechenbeispiel

$$\frac{2.453 \text{ Mio. €}}{46.000} = \mathbf{53.326\ €}$$

Erläuterung

Der durchschnittliche Personalaufwand gibt Hinweise auf die durchschnittlichen Gesamtpersonalkosten pro Vollzeitäquivalent. Diese enthalten neben dem Gehalt auch sonstige Zuwendungen, variable Entlohnung (Boni), Lohnnebenkosten sowie Sozialabgaben des Arbeitgebers. Diese Kennzahl ist insbesondere im Branchenvergleich interessant, da ein hoher Personalaufwand alleine nichts über die Effektivität aussagt. Im internationalen Vergleich sind hohe Abweichungen möglich, was zum Beispiel auf unterschiedliche Lohnniveaus oder Sozialversicherungssysteme zurückzuführen ist.

Vorteile	Nachteile
• Einfach zu ermitteln aus dem Geschäftsbericht • Gibt im Vergleich der Jahre wichtige Hinweise über die Personalkostenentwicklung • Lässt Rückschlüsse auf die Positionierung der Gesamtentlohnung des Unternehmens mit direkten Wettbewerbern zu	• Aus öffentlichen Quellen durch länderspezifische Unterschiede oft ungenau, daher intern zu ermitteln • Die Kennzahl beinhaltet eine gewisse Ungenauigkeit (z.B. durch Sozialabgaben oder Kosten für Überstunden)

2.7 EBIT pro Vollzeitäquivalent

Formel

$$\frac{\text{EBIT}}{\text{Summe Vollzeitäquivalente}}$$

Rechenbeispiel

$$\frac{1.452 \text{ Mio. €}}{46.000} = \mathbf{31.565\ €}$$

Erläuterung

Der Ertrag pro Vollzeitäquivalent setzt den Gewinn vor Zinsen und Steuern (EBIT) ins Verhältnis zur Anzahl der Vollzeitäquivalenten (FTE) und ist eine wichtige Kenngröße für weitere Vergleiche, z.B. mit den durchschnittlichen Personal- oder Infrastrukturkosten. Das EBIT ist in praktisch allen Geschäftsberichten ersichtlich, z.T. auch aufgeschlüsselt nach einzelnen Segmenten, was die Errechnung der Kennzahl auch für externe Personen vereinfacht. Gleichzeitig wird die Kennziffer häufig als Grundlage von Leistungsbemessungssystemen verwendet.

Vorteile	Nachteile
• Einfach zu ermitteln • Im Branchenvergleich und im Zeitverlauf aussagekräftig • EBIT ist auch im internationalen Kontext eine gute Vergleichsgröße	• EBIT kann jährlichen Schwankungen unterworfen sein • Der EBIT sollte auch zum Umsatz verglichen werden (EBIT-Marge) • EBIT kann verfälscht sein, sofern ein Konzern hohe Beteiligungserträge erwirtschaftet

2.8 Vollkosten des Human-Kapitals (HCCF) pro Vollzeitäquivalent

Formel

$$\frac{\text{Personalaufwand + Kosten für Zeitbeschäftigte + Kosten für Abwesenheit + Fluktuationskosten}}{\text{Summe Vollzeitäquivalente}}$$

Rechenbeispiel

$$\frac{2.453 \text{ Mio. €} + 311 \text{ Mio. €} + 46 \text{ Mio. €} + 92{,}2 \text{ Mio. €}}{46.000} = \mathbf{63.091\ €}$$

Erläuterung

Diese Kennzahl stellt die vier HR-Hauptkostengruppen Vergütung und Nebenleistungen, Kosten für Zeitbeschäftigte, Kosten durch Abwesenheit und Fluktuationskosten ins Verhältnis zu den Vollzeitäquivalenten. Diese Zahl ist bedeutend genauer als die Betrachtung der »reinen« Personalkosten. Aus der finanziellen Betrachtung macht diese etwas aufwändigere und genauere Zusammenstellung mehr Sinn, da die Aussagekraft verbessert ist. In der Praxis zeigt sich, dass ca. ein Drittel zusätzliche Kosten zu den Personalkosten entstehen können.

Vorteile	Nachteile
• Genauere Kennzahl als nur Personalkosten, da Vollkostenbetrachtung • Kann auch in Beziehung zu anderen Kosten gestellt werden	• Schwierig zu ermitteln • Kann bzw. muss teilweise geschätzt werden, da die Angaben oft nur mit sehr viel Aufwand erhoben werden können • Personalcontrolling zur Ermittlung der Kennzahl erforderlich

2.9 Cash Flow pro Vollzeitäquivalent

Formel

$$\frac{\text{Cash Flow aus operativer Geschäftstätigkeit}}{\text{Summe Vollzeitäquivalente}}$$

Rechenbeispiel

$$\frac{1.134 \text{ Mio. €}}{46.000} = \mathbf{24.652\ €}$$

Erläuterung

Für die Ermittlung des Cash Flows pro Mitarbeiter wird der operative Cash Flow ins Verhältnis zur Anzahl der Summe der Vollzeitäquivalenten (FTE) gesetzt. Diese Kennzahl ist durch die Verwendung des operativen Cash Flows unabhängiger von unterschiedlichen Rechnungslegungsstandards und damit der Kennzahl Jahresüberschuss pro Mitarbeiter überlegen. Der operative Cash Flow beschreibt den Zahlungsmittelüberschuss, der durch die rein betriebliche Tätigkeit erwirtschaftet wurde.

Vorteile	**Nachteile**
• Einfach zu ermitteln • Ermöglicht auch internationale Vergleiche mit Mitbewerbern • Weniger anfällig für bilanzpolitische Maßnahmen	• Kann im Periodenvergleich stark variieren • Investitionserfordernisse werden nicht berücksichtigt • Nicht als branchenübergreifende Kennzahl geeignet

2.10 Umsatz pro Vollzeitäquivalent

Formel

$$\frac{\text{Umsatz}}{\text{Summe Vollzeitäquivalent}}$$

Rechenbeispiel

$$\frac{14.019 \text{ Mio. €}}{46.000} = \mathbf{304.760\ €}$$

Erläuterung

Durch den Umsatz pro Mitarbeiter erhält der externe Betrachter Informationen zu der Effizienz und der Mitarbeiterintensität und damit den Kosten einer Unternehmung. Indem der Umsatz durch die Anzahl der äquivalenten Vollzeitstellen geteilt wird, bekommt der Analyst einen Einblick in die Fixkosten und dadurch einen Hinweis auf zukünftige Erträge, da eine überdurchschnittliche Kennzahl im Branchenverhältnis auch überdurchschnittliches Ertragspotential suggerieren kann. Da die Reduzierung von Mitarbeitern diese Kennzahl stark beeinflusst, sollte die Kennzahl über mehrere Jahre betrachtet werden, um einen aussagekräftigen Trend zu erkennen. Ein kontinuierlich steigender Indikator kann ein Hinweis auf eine verbesserte Organisation, eine durchdachte Investitionspolitik mit anschließenden Effizienzsteigerungen oder neue Produkte, die sich besser als die der Wettbewerber verkaufen, sein.

Vorteile	**Nachteile**
• Effizienz der Unternehmung wird im Zeitverlauf sichtbar • Kennzahl zur Bestimmung von Fixkostenstrukturen und zur Schätzung zukünftiger Gewinne • Kennzahl vermittelt schnellen Eindruck zur Position des Unternehmens innerhalb der Peer Group	• Nicht für branchenübergreifende Analysen geeignet • Kennzahl kann im Zeitverlauf stark schwanken • Kennzahl sollte stets in Verbindung mit Gewinnmargen betrachtet werden

2.11 Überstunden pro Vollzeitäquivalent

Formel

$$\frac{\text{IST-Arbeitszeit} - \text{SOLL-Arbeitszeit}}{\text{Summe Vollzeitäquivalente}}$$

Rechenbeispiel

$$\frac{93{,}1 \text{ Mio. Stunden} - 80{,}9 \text{ Mio. Stunden}}{46.000} = \mathbf{265\ Stunden}$$

Erläuterung

Die effektiv erfasste Arbeitszeit wird in Beziehung zur Soll-Arbeitszeit der Vollzeitäquivalenten gesetzt. Ein positiver Saldo macht die Überstunden sichtbar, während ein negativer Saldo Fehlzeiten aufzeigt. Im hier vorgestellten Beispiel haben die Mitarbeiter ca. 15% bzw. 265 Überstunden geleistet. Dies kann aus rechtlichen Gründen zu erheblichen finanziellen Verpflichtungen und Mehrkosten führen. Zudem kann die Kennzahl Hinweise auf fehlende Human-Kapazitäten geben.

Vorteile	Nachteile
• Über- bzw. Minderstunden werden identifiziert • Personalplanungsbedarf wird identifiziert • Möglicher Indikator für Kapazitätsauslastung der Unternehmung	• Benötigt Auswertungen aus anderen Systemen (Zeiterfassung) • Für Externe kaum zu ermitteln • Je nach Unternehmen fallen verschiedene Mitarbeitergruppen unter verschiedene Arbeitszeitmodelle oder sind sogar davon entbunden

2.12 Personalintensität

Formel

$$\frac{\text{Personalaufwand}}{\text{Umsatz}} \times 100\%$$

Rechenbeispiel

$$\frac{2.453 \text{ Mio. €}}{14.019 \text{ Mio. €}} \times 100\% = \mathbf{17{,}5\%}$$

Erläuterung

Die Personalintensität gibt Aufschluss über die Wirtschaftlichkeit des Faktors Arbeit. Der Personalaufwand umfasst die Löhne und Gehälter, die sozialen Abgaben sowie die Aufwendungen für Altersversorgung und -unterstützung. Mit Hilfe der Personalintensität kann die Entwicklung der Wirtschaftlichkeit des Personaleinsatzes im Zeitablauf überprüft werden. Je niedriger die Kennzahl, desto rentabler wurde das Personal eingesetzt bzw. wurde Personal gegen Maschinen ersetzt, was sich in einer Erhöhung der Investitionen widerspiegeln würde.
Eine Verschlechterung (= Erhöhung) dieser Kennzahl muss nicht zwingend auf falsche Managemententscheidungen zurückzuführen sein, sondern kann beispielsweise auch auf erhöhten Tarifabschlüssen oder gestiegenen Sozialversicherungsbeiträgen beruhen.

Vorteile	Nachteile
• Große Praxisrelevanz • Erkennung von Rationalisierungspotential • Gutes Maß für Arbeitsproduktivität	• Starke Branchenabhängigkeit, z.B. durch Tarifverträge • Überregionales Lohngefälle erschwert den Vergleich • Geringe Aussagekraft bei Auftragsveränderungen (»starre Fixkosten«)

2.13 Jahresüberschuss / Personalaufwandsverhältnis

Formel

$$\frac{\text{Jahresüberschuss}}{\text{Personalaufwand}} \times 100\%$$

Rechenbeispiel

$$\frac{882 \text{ Mio. €}}{2.453 \text{ Mio. €}} \times 100\% = \mathbf{36{,}0\%}$$

Erläuterung

Diese Verhältniszahl gibt Hinweise auf die Lohnentwicklungsmöglichkeiten der Firma. Liegt die Kennzahl unter 5%, dann kann die mittelfristige Zukunft der Firma gefährdet sein. Entweder müssen die Erträge gesteigert werden oder bei den Personalkosten müssen kostensenkende Maßnahmen in Erwägung gezogen werden (z.B. Gehaltserhöhungsstop, Einstellungsstop, Personalentwicklungsstop, Personalabbau).
Die Kennzahl kann somit im Branchenvergleich auch Hinweise auf mögliche Rationalisierungspotentiale geben. Jedoch sollte die Kennzahl nur im Zeitverlauf analysiert werden, da der Jahresüberschuss einer Periode durch Sondereffekte stark beeinflusst sein kann.

Vorteile	**Nachteile**
• Einfach zu ermitteln • Im Branchenvergleich aussagekräftig • Im Zeitverlauf wichtige Größe • Relevant für langfristige Personal- und Kostenplanung	• Kann jährlichen Schwankungen unterworfen sein • Muss im Zeitverlauf beurteilt werden, da sonst nicht aussagekräftig

2.14 Umsatzrendite

Formel

$$\frac{\text{Jahresüberschuss}}{\text{Umsatz}} \times 100\%$$

Rechenbeispiel

$$\frac{882 \text{ Mio. €}}{14.019 \text{ Mio. €}} \times 100\% = \mathbf{6{,}3\%}$$

Erläuterung

Wird der Gewinn (Jahresüberschuss) ins Verhältnis zum Umsatz gesetzt, so erhält man die Umsatzrendite. Die Kennzahl zeigt auf, welcher Prozentsatz des Umsatzes nach Abzug aller Kosten, des Finanzergebnisses, Steuern und außerordentlicher Positionen dem Unternehmens als Gewinn verbleibt. Die Umsatzrendite ist insbesondere innerhalb einer Unternehmung für den Vergleich einzelner Konzerneinheiten eine sinnvolle Größe, um zu beurteilen, welcher Teilbereich welche Rendite erwirtschaften konnte. Somit lassen sich rentable von unrentablen Geschäftseinheiten unterscheiden. Jedoch ist der Gewinn stark schwankungsanfällig, so dass die EBIT-Marge eine stärkere Aussagekraft hat, als die Umsatzrendite. Diese Erkenntnis kann für die HR frühzeitig wichtige Handlungsfelder aufzeigen (z.B. Maßnahmen zur Effizienzsteigerung, Personalabbau, Umbesetzung von Mitarbeitern).

Vorteile	Nachteile
• Aussage bezüglich Produktivität • Ggf. Potential zur Kostenreduktion erkennbar • Im Branchenvergleich aussagekräftig • Im Zeitverlauf wichtige Größe	• Starke Produktabhängigkeit, somit eingeschränkte Vergleichbarkeit • Keine Aussage über Umschlaghäufigkeit • Sehr starke Branchenabhängigkeit • Keine Aussage, ob Sondereffekte das Verhältnis verbesserten oder nicht

2.15 Umsatz durch neue Produkte pro Vollzeitäquivalent

Formel

$$\frac{\text{Umsatz durch neue Produkte}}{\text{Summe Vollzeitäquivalente}}$$

Rechenbeispiel

$$\frac{1.682 \text{ Mio. €}}{46.000} = \mathbf{36.571\ €}$$

Erläuterung

Durch den Umsatz durch neue Produkte pro Vollzeitäquivalent erhält der interne Betrachter Informationen zu der Effizienz und der Mitarbeiterintensität in den neuen Produktgruppen. Diese Kennzahl kann ins Verhältnis zur Kennzahl »Umsatz pro Mitarbeiter« gestellt werden. Dies gibt auch intern gute Erkenntnisse über die Entwicklung der neuen Märkte und Produktgruppen.
Die Kennzahl dürfte intern nicht immer einfach zu ermitteln sein, da Kundenbeziehungen sowohl zu den neuen als auch zu den alten Produktgruppen bestehen. Produkte oder Produktgruppen gelten dann als neu, wenn sie maximal seit zwei Jahren auf dem Markt sind. Im laufenden Jahr gelten nur die lancierten Produkte der letzten zwei Jahre als neue Produkte.

Vorteile	Nachteile
• Effizienz der neuen Produktgruppen wird im Zeitverlauf sichtbar • Kennzahl zur Bestimmung von Fixkostenstrukturen und zur Schätzung zukünftiger Gewinne durch neue Produkte • Intern wichtige Kennzahl für Überlegungen zu den Zukunftsaussichten	• Oft keine Vergleichszahlen verfügbar (Vertraulichkeit) • Kennzahl kann im Zeitverlauf stark schwanken • Kennzahl sollte stets in Verbindung mit Gewinnmargen betrachtet werden

2.16 Durchgeführte Mitarbeiterbeurteilungen

Formel

$$\frac{\text{Summe der durchgeführten Mitarbeiterbeurteilungen}}{\text{Anzahl der Mitarbeiter}} \times 100\%$$

Rechenbeispiel

$$\frac{41.200}{52.100} \times 100\% = \mathbf{79{,}1\%}$$

Erläuterung

Die Verhältniszahl der durchgeführten Mitarbeiterbeurteilungsgespräche (Appraisals) gibt Hinweise über die Bedeutung des Instruments. Eine niedrige Verhältniszahl weist auf eine verminderte Wichtigkeit der Mitarbeiterbeurteilung im Unternehmen hin, die auf eine eher informelle Führungskultur im Unternehmen schließen lässt. Die Kennzahl gibt somit Hinweise auf die Bedeutung der Leistungsbeurteilung und der Leistungsorientierung eines Unternehmens.

Vorteile	Nachteile
• Einfach zu ermitteln, da durchgeführte Mitarbeiterbeurteilungen statistisch geführt werden • Gibt Hinweise auf die Bedeutung des Mitarbeiterbeurteilungssystems • Gibt Hinweise auf die Führungsstärke und Organisation eines Unternehmens	• Eingeschränkte qualitative Aussage. Die Mitarbeiterbeurteilungen müssten auch inhaltlich (Qualitätsmerkmale) ausgewertet werden • Für Externe nicht zu ermitteln

2.17 Verhältniszahl zur Nachfolgeplanung

Formel

$$\frac{\text{Anzahl der Mitarbeiter mit strategisch wichtigen Qualifikationen}}{\text{Anzahl Schlüsselpositionen}}$$

Rechenbeispiel

$$\frac{5.750}{3.200} = \mathbf{1{,}8}$$

Erläuterung

Diese Verhältniszahl gibt Hinweise auf die Qualität der Nachfolgeplanung. Die Anzahl der Schlüsselpositionen wird in Beziehung zu den intern sofort verfügbaren Nachfolgekandidaten gestellt.
Aus der Personalrisikobetrachtung ist diese Kennzahl von hoher Bedeutung. Fehlende Einschätzung über die Verfügbarkeit von Schlüsselwissen und die Flexibilität des Unternehmens sind bei niedrigen Werten mit hohen Risiken verbunden.
Je nach der Tiefe der Gliederung des Unternehmens kann sich die Nachfolgeplanung auf alle Schlüsselpositionen beziehen oder nur die oberen Führungsstufen umfassen.

Vorteile	Nachteile
• Gibt eine erste Antwort auf die Qualität der Nachfolgeplanung • Kann als Ausgangslage für vertiefte Analysen verwendet werden • Kann zur Personalrisiko-Betrachtung und -einschätzung wertvolle Hinweise geben	• Die Kennzahl kann auf Grund von fehlenden internen Kenntnissen über die Anzahl der Schlüsselpositionen oft nicht ermittelt werden • Die Kennzahl macht keine detaillierten Angaben, wo Handlungsbedarf besteht

2.18 Verteilung der Leistungsbemessung

Formel

$$\frac{\text{Skalenwert der Leistung}}{\text{Anzahl der Mitarbeiter}} \times 100\%$$

Rechenbeispiel

$$\frac{8.700^*}{52.100} \times 100\% = \mathbf{16{,}7\%}$$

* Annahme: 8.700 Mitarbeiter erhalten ein sehr gute Beurteilung.

Erläuterung

Viele Unternehmen verfügen über Skalen (Rating), mit der die erbrachte unterjährige Leistung zusammenfassend bewertet wird. Oft werden Skalen verwendet, wie z.B. sehr gut, ausgezeichnet, überdurchschnittlich, gut, mehrheitlich gut, genügend und ungenügend. Gebräuchlich sind auch Skalen wie A, B, C, D, E, oder ++, + , +−, −,−−.
Eine Auswertung zeigt auf, wie die Häufigkeiten verteilt sind. Bei vielen Unternehmen finden wir eine Häufung bei den Skalenwerten, welche eine gute, solide Leistung bewerten. Falls diese Werte überdurchschnittlich hoch sind, kann dies Hinweise auf fehlendes Differenzierungs- und Leistungsbeurteilungsvermögen der Führungskräfte geben. Die Kennzahl ist insbesondere im Zeitverlauf aussagekräftig.

Vorteile	**Nachteile**
• Gibt Hinweise auf die Fähigkeit der Führungskräfte, Leistung zu qualifizieren • Gibt Hinweise auf die Brauchbarkeit der Leistungsbemessungsskala • Kann für weitergehende Analysen verwendet werden (z.B. Umgang mit leistungsschwächeren oder stärkeren Mitarbeitern)	• Oft sind firmenintern keine einheitlichen Skalen verfügbar

2.19 Verteilung der Leistungsbemessung bei Neuanstellungen

Formel

$$\frac{\text{Skalenwert der Leistung}}{\text{Anzahl Zugänge (Einstellungen) pro Jahr}} \times 100\%$$

Rechenbeispiel

$$\frac{645^{*}}{3.900} \times 100\% = \mathbf{16{,}5\%}$$

* Annahme: 645 neue Mitarbeiter erhalten ein sehr gute Beurteilung.

Erläuterung

Diese Kennzahl ist eine erweiterte Betrachtung der Kennzahl 2.18. Die neuen Mitarbeiter werden in der Verteilung der Skalenwerte (Ratingverteilung) mit der Gesamtfirma verglichen.

Diese können den Ausgangspunkt für weiterführende, spezifische Maßnahmen darstellen (z.B. Training, Überprüfung der Skalenwerte, Überprüfung des Rekrutierungsprozesses), um die Leistungsfähigkeit des Unternehmens weiter zu erhöhen.

Vorteile	Nachteile
• Gibt Hinweise über die Leistungsfähigkeit der »neuen« Mitarbeiter • Gibt Hinweise auf die Fähigkeit der Führungskräfte, Leistung zu messen • Gibt Hinweise auf die Brauchbarkeit der Leistungsbemessungsskala	• Oft sind firmenintern keine einheitlichen Skalen verfügbar • Die unterschiedliche Handhabung der innerbetrieblichen Leistungsbeurteilungssysteme kann die Auswertung erschweren

2.20 Personalaufwandsstruktur

Formel

$$\frac{\text{Personalaufwand pro Gruppe}}{\text{Personalaufwand}} \times 100\%$$

Rechenbeispiel

$$\frac{124 \text{ Mio. €*}}{2.453 \text{ Mio. €}} \times 100\% = \mathbf{5{,}1\%}$$

* Beispiel mit Löhnen für Geschäftsleitungsmitglieder

Erläuterung

Die Personalaufwandsstruktur gibt den prozentualen Anteil einer Teilgruppe am gesamten Personalaufwand an (z.B. Geschäftsleitung, Führungskräfte, qualifizierte Mitarbeiter, Angestellte, Arbeiter).

Die Personalaufwandsstrukturen sind je nach Branche und Unternehmenskultur sehr unterschiedlich. Eine sorgfältige Analyse kann entscheidende Erkenntnisse in Bezug auf die wirklichen Strukturen im Unternehmen geben. Die Analyse und die Interpretation ist mit der entsprechenden Sorgfalt und Professionalität anzugehen, da bei Lohnfragen unterschiedliche Ansichten vertreten werden.

Vorteile	Nachteile
• Gibt Hinweise über die Personalkostenstruktur des Unternehmens • Hinweise zu Personalaufwand in heterogenen Strukturen	• Oftmals schwierig zu erheben, da häufig interne Strukturen und Zuordnungen fehlen • Oft nur firmenspezifisch vorhanden

2.21 Netto-Personalbedarfsbestimmung

Formel	Rechenbeispiel
Brutto-Personalbedarf (Vollzeitäquivalente)	48.000
– Personalbestand (Vollzeitäquivalente)	– 46.000
– Feststehende Abgänge	– 3.600
+ Feststehende Zugänge	+ 3.900
= **Netto-Personalbedarf**	= **2.300**

Erläuterung

Die Kennzahl gibt das Maß einer Personalunter- bzw. -überdeckung an. Sie dient zur Kontrolle und zur weiteren Planung des Personalbedarfs. In der Praxis ist sie oft verknüpft mit der mittelfristigen Stellenplanung sowie der Budget- und Kostenplanung. Zur Identifikation des Brutto-Personalbedarfs kann u.a. auch der Vergleich zwischen Ist- und Soll-Stunden herangezogen werden.

Vorteile	Nachteile
• Aktuelle Rekrutierungsbedürfnisse können abgeleitet werden	• Oftmals ist der Bruttopersonalbedarf nicht definiert
• Personalbestandsentwicklung kann überwacht werden	
• Wichtige Schnittstelle zwischen Kosten- und Personalplanung	

2.22 Aufgabendeckungsziffer (Strategic Job Coverage Ratio)

Formel

$$\frac{\text{Anzahl der Mitarbeiter mit strategisch wichtigen Qualifikationen (IST)}}{\text{Anzahl der Mitarbeiter mit strategisch wichtigen Qualifikationen (SOLL)}} \times 100\%$$

Rechenbeispiel

$$\frac{5.750}{9.000} \times 100\% = \mathbf{63{,}9\%}$$

Erläuterung

Die Aufgabendeckungsziffer bedingt die Kenntnis der für das Unternehmen wichtigen Schlüsselkompetenzen und deren Know-how-Träger. Diese sollten mindestens bis zur dritten Führungsebene innerbetrieblich definiert sein. Ohne diese Voraussetzung kann die Kennzahl nicht ermittelt werden. Die Kennzahl dient somit zur Beurteilung des Qualifikationsbedarfs im Rahmen der Mitarbeiterweiterbildung bzw. zusätzlichem externen Personalbedarf.
Diese Gruppe sollte in der Praxis über eine gewisse Erfahrung im Unternehmen (Dienstalter im Unternehmen) verfügen.

Vorteile	Nachteile
• Wichtige Kennzahl für die Personalbedarfsplanung • Gibt Hinweise auf möglichen Rekrutierungs- und/oder Entwicklungsbedarf • Kann eines der größten Personalrisiken identifizieren und vermindern (Hinweise für Entwicklungs- oder Rekrutierungsbedarf)	• Setzt die Kenntnis der Schlüsselqualifikationen im Unternehmen voraus • Kann sich unterjährig verändern (Abgänge, veränderte Marktbedürfnisse) • Notwendiges Datenmaterial aufwändig zu ermitteln

2.23 Entsendungsquote (Expatriates-Quote)

Formel

$$\frac{\text{Anzahl der Expatriates}}{\text{Anzahl der Mitarbeiter}} \times 100\%$$

Rechenbeispiel

$$\frac{4.210}{52.100} \times 100\% = \mathbf{8{,}1\%}$$

Erläuterung

Diese Kennzahl sagt aus, wie viel Prozent der gesamten Mitarbeiterschaft innerhalb einer Periode ins Ausland entsandt wurden. Sie ist insbesondere in ihrer Entwicklung interessant, da Expatriates einerseits Mehrkosten verursachen und anderseits eine hohe Quote nichts über die Qualität der Entsendung (z.B. Führungskräfte vs. Praktikanten) aussagt.
Entsendungen sollten mit den strategischen Bedürfnissen des Unternehmens eng verknüpft sein.

Vorteile	Nachteile
• Einfach zu ermitteln • Wichtige Kennzahl im Zeitverlauf (Kosten, innerbetriebliche Bedeutung) • Kann Hinweise über den Stand und die Entwicklung dieser Mitarbeitergruppe geben	• Die Kennzahl berücksichtigt nicht die entstehenden Kosten • Die Kennzahl sagt nichts über die Qualität der Entsendungen aus

2.24 Durchschnittliche Verweildauer von Expatriates im Ausland

Formel

$$\frac{\text{Summe der Monate von Expatriates im Ausland}}{\text{Summe Expatriates}}$$

Rechenbeispiel

$$\frac{\text{67.500 Monate}}{\text{4.210}} = \mathbf{16{,}03 = 1\ Jahr,\ 4\ Monate}$$

Erläuterung

Die Kennzahl zeigt die durchschnittliche Verweildauer der Expatriates im Ausland. Diese sollte regelmäßig überprüft werden, weil Entsendungen immer zeitlich begrenzte Ereignisse und Vertragsverhältnisse voraussetzen. Viele Unternehmen stellen die entsandten Mitarbeiter nach einer gewissen Zeit zu lokalen Konditionen an (z.B. nach drei Jahren). Das heißt, ehemalige Expatriates erhalten neue Verträge zu lokalen Bedingungen, was von diesen nicht unbedingt geschätzt wird.

Vorteile	**Nachteile**
• Wichtige Grundkennzahl • Muss im Zeitverlauf interpretiert werden • Kann zu anderen Erkenntnissen führen, wie z.B. ewige Expatriatespopulation • Gibt Hinweise auf Kostenentwicklung für wichtige Zielgruppe	• Teilweise unterscheiden Unternehmen in kurz- und langfristige Entsendungen • Sagt nichts über die Qualität der Entsendung aus • Gibt keine Hinweise auf die Kosten

2.25 Altersstruktur

Formel

$$\frac{\text{Anzahl der Mitarbeiter nach Alter pro Jahr}}{\text{Anzahl der Mitarbeiter}} \times 100\%$$

Rechenbeispiel

Aufgrund der Verschiedenartigkeit der Unternehmen wird an dieser Stelle auf ein Rechenbeispiel verzichtet.

Erläuterung

Die Kennzahl zeigt den altersmäßigen Aufbau der Belegschaft in Prozent. Vermutlich gibt es keine richtige oder falsche Kennzahl. Es gibt jedoch eine Anzahl von Firmen, die eine sehr hohe Überalterung aufweisen und welche in den nächsten Jahren einen erhöhten Prozentsatz der Belegschaft aus dem Arbeitsprozess entlassen werden. Umgekehrt gibt es Firmen, die über eine hohe Anzahl von jungen Mitarbeitern verfügt. Diese haben eine weniger lange Berufserfahrung und sind i.d.R. auch bereit, bei entsprechenden Angeboten den Arbeitgeber zu wechseln (Personalrisiko).
Bei Bedarf kann die Kennzahl zusätzlich in Frauen und Männer aufgefächert werden.

Vorteile	Nachteile
• Gibt Hinweise auf die Altersverteilung der Belegschaft • Kann Hinweise zum Rekrutierungsbedarf ergeben	• Alter ist nicht zwangsläufig ein Indikator für den Ausbildungsstand der Mitarbeiter • Nicht aussagekräftig im Vergleich mit anderen Branchen

2.26 Anteil der Fremdmitarbeiter

Formel

$$\frac{\text{Anzahl der Fremdmitarbeiter}}{\text{Anzahl der Mitarbeiter}} \times 100\%$$

Rechenbeispiel

$$\frac{3.560}{52.100} \times 100\% = 6{,}8\%$$

Erläuterung

Die Anzahl der Fremdarbeiter entspricht der Anzahl der Mitarbeiter, die zwar ständig und auch über Jahre hinweg für das Unternehmen arbeiten, aber nicht direkt bei diesem festangestellt sind. Als Beispiele können Mitarbeiter von Leasingfirmen, Mitarbeiter von Mutter- oder Tochterunternehmen, Mitarbeiter von ausgegliederten Unternehmensbereichen (Rechenzentrum, Call Center) oder Mitarbeiter, die spezielle Systeme (hochtechnisierte Anlagen) betreuen, genannt werden.
Zu dieser Gruppe zählen auch Berater und teilweise auch Zeitarbeiter (gesetzliche Regelungen beachten). Eine hohe Prozentzahl ist ein Hinweis darauf, dass unternehmensspezifische Wissen verstärkt bei externen Mitarbeitern angesiedelt ist, was ein nicht zu unterschätzendes Personalrisiko darstellen kann.

Vorteile	Nachteile
• Gibt Hinweise über wichtige Kostenfelder, welche oft nicht in der Verantwortung des HR sind, jedoch substantielle Kosten für das Unternehmen generieren • Wichtige Personengruppe für IT-Zugriff und Sicherheit • Relevanter Faktor für die mittel- und langfristige Personalplanung	• Schwierig zu ermitteln • Meist nicht in der Kompetenz der Human Ressources • Kann stark variieren

2.27 Beschäftigungsstruktur

Formel

$$\frac{\text{Zahl der Mitarbeiter nach Gruppe}}{\text{Anzahl der Mitarbeiter}} \times 100\%$$

Rechenbeispiel

$$\frac{612^*}{52.100} \times 100\% = \mathbf{1{,}2\%}$$

* Beispiel mit den Anzahl HR-Personen

Erläuterung

Die Beschäftigungsstruktur drückt den prozentualen Anteil einer Teilgruppe an der Gesamtzahl der Beschäftigten aus. Die Kennzahl kann z.B. in die Bereiche Führungsebene, Administration, Produktion, Vertrieb, aber auch nach einzelnen Segmenten oder geographischen Standorten heruntergebrochen werden.

Sie kann im Branchenvergleich interessante Erkenntnisse liefern in Bezug auf die Gewichtung der Funktionen und ihre Ressourcenzuteilung.

Vorteile	Nachteile
• Wichtige Grundkennzahl • Interessant im Zeitverlauf, inwiefern sich Gewichtungen verschieben • Gibt Hinweise auf Geschäftsmodell und interne Prioritäten • Kann mit externen Vergleichen überprüft werden	• Muss innerbetrieblich definiert werden • Außerbetrieblich nur eingeschränkt vergleichbar, da keine einheitliche Definition der Kennzahl besteht

2.28 Betriebszugehörigkeitsstruktur

Formel

$$\frac{\text{Summe der Dienstjahre im Unternehmen}}{\text{Anzahl der Mitarbeiter}} \times 100\%$$

Rechenbeispiel

Aufgrund der Verschiedenartigkeit der Unternehmen wird an dieser Stelle auf ein Rechenbeispiel verzichtet.

Erläuterung

Die prozentuale Zusammensetzung der Beschäftigten nach der Dauer der Betriebszugehörigkeit gibt Hinweise über die Häufigkeit der Abgänge nach Bereichen. Zudem kann das betriebsnotwendige Wissen pro Funktion oder Bereich beurteilt werden (Personalrisikomanagement).

Eine hohe Anzahl an Abgängen im Vertrieb, insbesondere in strategischen Märkten kann die Beziehungen des Unternehmens mit den Kunden langfristig negativ beeinflussen.

Vorteile	**Nachteile**
• Einfach zu ermitteln • Interessant im Jahresvergleich • Gibt Hinweise über Unternehmenskultur und Bedeutung von unternehmensspezifischen Kenntnissen • Kann die Grundlage zur Erfragung von spezifischen Bedürfnissen bestimmter Mitarbeitergruppen sein	• Interpretationsbedürftig • Im Vergleich von Unternehmen nur beschränkt aussagekräftig

2.29 Durchschnittsalter der Mitarbeiter

Formel

$$\frac{\sum \text{(Aktuelles Datum – Geburtstag der Mitarbeiter)}}{\text{Anzahl der Mitarbeiter}}$$

Rechenbeispiel

Aufgrund der Komplexität wird an dieser Stelle auf ein Rechenbeispiel verzichtet und ein Durchschnittsalter der Belegschaft von 42 Jahren unterstellt.

Erläuterung

Das Durchschnittsalter der Belegschaft ermittelt sich, indem das Alter aller Mitarbeiter summiert und durch die Anzahl der Mitarbeiter dividiert wird. Ein hohes Durchschnittsalter alleine sagt wenig aus, außer dass die Anzahl der Mitarbeiter, die aus dem Erwerbsleben demnächst ausscheiden, offensichtlich höher ist und dadurch der gezielte Know-how-Transfer und ein erhöhter Rekrutierungsbedarf zu erwarten sind. Auch ein niedriges Durchschnittsalter ist alleine wenig aussagekräftig. Jedoch kann dies darauf hinweisen, dass junge Mitarbeiter tendenziell öfter den Arbeitsplatz wechseln und damit die Einschränkung des Know-how-Verlusts der Betriebe besondere Anstrengung erfordert.

Vorteile	Nachteile
• Durchschnittsalter der Belegschaft eines Betriebes wird ermittelt • Kann für Rekrutierung wichtige Hinweise geben • Aussagekräftig im Vergleich der Jahre	• Ungenauere Kennzahl als die Altersstruktur • Durchschnittliche Mitarbeiterqualifikationen sollte auch berücksichtigt werden

2.30 Frauen- / Männeranteil

Formel

$$\frac{\text{Anzahl der Frauen bzw. Männer}}{\text{Anzahl der Mitarbeiter}} \times 100\%$$

Rechenbeispiel

$$\frac{8.100}{52.100} \times 100\% = \mathbf{15{,}5\%\ (Frauenanteil)}$$

Erläuterung

Das prozentuale Verhältnis der beiden Geschlechter kann Hinweise auf die Attraktivität des Unternehmens für das eine oder andere Geschlecht geben. Ist der prozentuale Anteil des männlichen Geschlechts sehr hoch, dann kann eine eingeschränkte Attraktivität des Unternehmens für Frauen vorliegen. In diesem Fall sollten im nächsten Schritt die Gründe hierfür ermittelt werden.

Interessant sind auch Auswertungen nach Führungsebenen, da sich die Durchlässigkeit bzw. die Verteilung über die Führungsebenen darstellen lässt.

Vorteile	Nachteile
• Hinweis auf die Zusammensetzung der Geschlechter • Hinweis auf die Attraktivität des Unternehmens für Frauen bzw. Männer in Bezug auf Karriere • Aussagekräftig im Branchenvergleich	• Bei produktionsintensiven Schwerindustrien ggf. begrenzte Aussagekraft

2.31 Qualifikationsstruktur

Formel

$$\frac{\text{Anzahl der Personen pro definierter Subgruppe}}{\text{Anzahl der Mitarbeiter}} \times 100\%$$

Rechenbeispiel

$$\frac{1.200^{*}}{52.100} \times 100\% = \mathbf{2{,}3\%}$$

* Annahme: 1.200 Mitarbeiter im Vertrieb

Erläuterung

In Wirtschaftszweigen mit starker Arbeitsintensität kann die Gliederung der Belegschaft für eine ganze Reihe von Messzahlen von mehr oder weniger großer Bedeutung sein, dass daraus dispositive Entscheidungen und / oder strukturelle Eigenheiten erkennbar werden.

Sinnvoll können funktionsbezogene Aufteilungen (Front- / Back-Office), Segmentierung (Produktion, Vertrieb, Support) oder eine Aufteilung nach Qualifikation bzw. Ausbildung sein (Studium, Lehre, an- oder ungelernte Stellen).

Vorteile	**Nachteile**
• Hinweise für Rekrutierung und Entwicklung können ermittelt werden • Gute Ausgangslage für weitere Analysen	• Industrieübergreifende Vergleiche kaum möglich • Sagt nichts über die Leistungsfähigkeit und das Potential der Belegschaft aus

2.32 Durchschnittlicher Beschäftigungsgrad

Formel

$$\frac{\text{Summe Vollzeitäquivalente}}{\text{Anzahl der Mitarbeiter}} \times 100\%$$

Rechenbeispiel

$$\frac{46.000}{52.100} \times 100\% = \mathbf{88{,}3\%}$$

Erläuterung

Der durchschnittliche Beschäftigungsgrad ermittelt sich, indem die Summe der Vollzeitäquivalente durch die Gesamtsumme der Mitarbeiter geteilt wird. Die Kennzahl gibt einen Hinweis auf die Teilarbeitszeit-Freundlichkeit des Arbeitgebers. Hohe Prozentzahlen lassen auf eine verminderte Durchlässigkeit für Teilzeitbedürfnisse von Mitarbeitern schließen. Andererseits verursacht ein niedriger durchschnittlicher Beschäftigungsgrad zusätzliche Anforderungen an die Planung der Verfügbarkeit der Teilzeitkräfte sowie leicht erhöhten Führungs- und administrativen Aufwand.

Vorteile	Nachteile
• Einfach zu erheben • Interessant im Zeitverlauf und der Entwicklung • Auswertungen auch für Subgruppen möglich	• Mögliche Überstunden sind ggf. nicht in der Kennzahl enthalten • Muss nach Vollzeitäquivalentsubgruppen bzw. nach Unternehmensbereichen analysiert werden

2.33 Prozentsatz nach Vollzeitäquivalenten

Formel

$$\frac{\text{Summe der Mitarbeiter mit Beschäftigungsgrad 50\%}}{\text{Anzahl der Mitarbeiter}} \times 100\%$$

Rechenbeispiel

$$\frac{1.200}{52.100} \times 100\% = \mathbf{2{,}3\%}$$

Erläuterung

Die Beschäftigungsgradverteilung gibt Hinweise über mögliche (intern beliebte) »Beschäftigungsgrad-Muster« bei der Belegschaft. Eine Anpassung der Teilzeitbedürfnisse auf das Geschäftsmodell soll wiederkehrend sichergestellt werden. Eine Unterteilung nach einzelnen Bereichen ist sinnvoll.

Teilzeitkräfte sind tendenziell teurer für das Unternehmen, da der Koordinationsaufwand und der administrative Aufwand gleich hoch ist wie bei Arbeitskräften, die als Vollzeitkraft angestellt sind (Vollzeitäquivalente = 100%). Andererseits spielt der soziale Hintergrund der Beschäftigten eine Rolle (z.B. Mütter, Alleinerziehende). Diese sind für das Unternehmen ebenfalls ein interessanter Arbeitsmarkt (z.B. Verfügbarkeit der Fähigkeiten, Flexibilität).

Vorteile	Nachteile
• Übersicht über wichtige Mitarbeitergruppe • Gibt Aufschluss über Attraktivität des Arbeitgebers für Teilzeitmitarbeiter	• International wenig vergleichbar, da unterschiedliche Arbeitskulturen bestehen, nicht zuletzt auch aufgrund unterschiedlicher Lohnniveaus

2.34 Verhältniszahl Geschäftsleitungsmitglieder zu Mitarbeitern

Formel

$$\frac{\text{Anzahl der Geschäftsleitungsmitglieder}}{\text{Anzahl der Mitarbeiter}}$$

Rechenbeispiel

$$\frac{173}{52.100} = \mathbf{1 : 301}$$

Erläuterung

Diese Kennzahl zeigt die durchschnittliche Mitarbeiterspanne pro Führungsposition an. Die Kennzahl ist oft durch öffentliche Quellen (z.B. Geschäftsbericht) relativ einfach zu ermitteln. Sie gibt Hinweise auf die »Kopflastigkeit« der Organisation.

Im Branchenvergleich können sich Unterschiede zeigen, ebenso im Vergleich von sehr großen zu sehr kleinen Unternehmen.

Vorteile	Nachteile
• Gibt erste Hinweise auf die Gliederungstiefe der Organisation • Kann relativ einfach aus externen Quellen ermittelt werden	• Kann im Branchenvergleich stark unterschiedlich sein • Oft sind Führungspositionen nicht eindeutig definiert und von daher ist die Zuordnung nicht abschließend möglich

2.35 Durchschnittliche Personalkosten pro HR-Mitarbeiter (HR Compensation Factor)

Formel

$$\frac{\text{Summe der Personalkosten für alle HR-Personen}}{\text{Summe Vollzeitäquivalente im HR-Bereich}}$$

Rechenbeispiel

$$\frac{30{,}6 \text{ Mio. €}}{522} = \mathbf{58.620\ €}$$

Erläuterung

HR-Personen sind alle Mitarbeiter, die ausschließlich Funktionen im Personalbereich (HR) ausführen. Die durchschnittliche Entlohnung für alle HR-Funktionen im Vergleich mit anderen Funktionen (z.B. Finanzen, Recht, Produktion) ergibt Hinweise in Bezug auf die Bedeutung der HR-Funktion und die durchschnittlichen Kosten. Der Einfachheit halber werden nur die direkten Personalkosten (Personalaufwand) ermittelt.

Vorteile	Nachteile
• Erster HR-Indikator • Einfach zu ermitteln • Hinweis auf durchschnittliches Lohnniveau im Bereich Human Ressources • Für Branchenvergleiche geeignet	• Als Kennzahl für sich alleine von eher geringer Aussagekraft • Nur intern ermittelbar

2.36 HR-Kosten im Verhältnis zum Gesamtaufwand (HR Expense Percentage)

Formel

$$\frac{\text{HR-Gesamtkosten}}{\text{Gesamtaufwand}} \times 100\%$$

Rechenbeispiel

$$\frac{70{,}5 \text{ Mio. €}}{12.567 \text{ Mio. €}} \times 100\% = \mathbf{0{,}6\%}$$

Erläuterung

Diese Kennzahl drückt aus, welchen Anteil die HR-Kosten im Verhältnis zum Gesamtaufwand ausmachen. Zu den HR-Kosten zählen in erster Linie die HR-Infrastrukturkosten (IT, Arbeitsplätze) und die Personalkosten.

Eine wesentliche Kostenfrage sind meist die Aufwände für Rekrutierung und Ausbildung. Sollten diese Kosten von den Geschäftsbereichen, den Führungsverantwortlichen budgetiert werden, da HR nur einen geringen Einfluss auf diese Kosten hat? Diese Frage kann in der Praxis kaum abschließend beantwortet werden, jedoch werden Aus- und Weiterbildungskosten sowie Rekrutierungskosten letztlich von den Bereichen verursacht und nicht vom HR. Nichts desto trotz müsste HR eine Vorstellung der externen, direkten Rekrutierungskosten geben können (Effizienz des Rekrutierungsprozesses). Ebenso sollten konkrete Vorstellungen und Vorschläge in Bezug auf Aus- und Weiterbildungsmaßnahmen (Verhältnismäßigkeit) aus dem HR an die Vorgesetzten gemacht werden können.

Vorteile	**Nachteile**
• Relativiert die »reinen« Kosten für die HR-Funktion • Hohe Aussagekraft im Vergleich mit direkten Wettbewerbern	• Wird selten erhoben • Wenig Vergleichszahlen verfügbar • Bildet die Realität nur teilweise ab, da Rekrutierungskosten, Aus- und Weiterbildungskosten und z.B. Fluktuationskosten nicht enthalten sind

2.37 HR-Kosten pro Mitarbeiter (HR FTE Investment Factor)

Formel

$$\frac{\text{HR-Gesamtkosten}}{\text{Summe Vollzeitäquivalente}}$$

Rechenbeispiel

$$\frac{70{,}5 \text{ Mio. €}}{46.000} = \mathbf{1.533\ €}$$

Erläuterung

Diese Kennzahl zeigt die finanziellen Aufwände pro Vollzeitäquivalent (FTE), welche innerbetrieblich für die HR-Funktion aufgewendet werden. Im Wettbewerbsvergleich kann die Kennzahl eine gute Diskussionsgrundlage bieten, da die HR-Kosten z.B. durch ein teures Personalinformationssystem markant beeinflusst werden können.

Der Autor empfiehlt die externen Rekrutierungs-, die Aus- und Weiterbildungskosten nicht in dieser Kennzahl zu berücksichtigen, da die HR-Funktion nur beschränkt Einfluss auf diese beiden Größen hat.

Vorteile	Nachteile
• Relativiert die HR-Kosten • Liefert gute Diskussionsgrundlagen für die Positionierung der HR-Funktion • Grundlage für strategische Entscheidungen wie Outsourcing, Investitionen (HR-Systeme) • Berücksichtigt die externen Kosten (Rekrutierung, Aus- und Weiterbildung) bewusst nicht	• Kann branchenspezifischen Schwankungen unterworfen sein • Nicht sehr einfach zu ermitteln (Abgrenzungsproblematik)

2.38 Quote für HR-Auslagerungskosten (HR Outsourcing Percentage)

Formel

$$\frac{\text{Aufwendungen für HR-Outsourcing}}{\text{HR-Gesamtkosten}} \times 100\%$$

Rechenbeispiel

$$\frac{2{,}3 \text{ Mio. €}}{70{,}5 \text{ Mio. €}} \times 100\% = \mathbf{3{,}3\%}$$

Erläuterung

Diese Kennzahl zeigt das Verhältnis der ausgegliederten Personalkosten zu den intern anfallenden Gesamtkosten für die HR-Funktion. Im obigen Beispiel wurde die Sozialberatung ausgegliedert.

Beispiele für Auslagerungen können die Personaladministration (Lohnbuchhaltung), die Pensionskasse, die HR-Informatiksysteme (Betrieb), die Personalentwicklung (oder Teile davon) sowie die Rekrutierungssaufwände sein.
Outsourcing wird vermutlich auch im HR-Bereich an Bedeutung gewinnen, insbesondere wenn es den Unternehmen darum geht, sich auf die Kernkompetenzen zu fokussieren.

Vorteile	**Nachteile**
• Je höher die Ausgliederungskosten, um so niedriger die internen Personalkosten • Lässt gewisses Kostensenkungspotential im HR-Bereich erkennen	• Die Gesamtpersonalkosten (Outsourcing und intern erbrachte Leistungen) müssen ebenfalls bei einem Vergleich berücksichtigt werden • Outsourcing führt nicht in jedem Fall zu einer Kostenersparnis

2.39 Aufgliederung der HR-Organisation (HR Structure Breakdown)

Formel

$$\frac{\text{Anzahl HR-Vollzeitäquivalente pro Funktion}}{\text{Summe Vollzeitäquivalente im HR-Bereich}} \times 100\%$$

Rechenbeispiel

$$\frac{20^*}{522} \times 100\% = \mathbf{3{,}8\%}$$

* Beispiel mit HR-Business Partner. Dies sind sehr erfahrene HR-Spezialisten mit ausgeprägten, geschäftsspezifischen Kenntnissen. In der Regel sind dies erfahrene Bereichspersonal-Verantwortliche.

Erläuterung

Diese Aufstellung gibt einen guten Überblick über die vorhandenen Funktionen und ihre Stelleninhaber. Funktionen können vereinheitlicht werden, Rollen können definiert werden und Anforderungsprofile mit den Stelleninhabern abgeglichen werden. Folgende Funktionen sind in einem Unternehmen üblich (nicht abschließend): HR-Leiter, Bereichspersonalleiter, HR-Business-Partner, HR-Administration, HR-Controlling, HR-Prozess-Spezialist, Lohnbuchhaltung und Trainer.

Vorteile	Nachteile
• Einfach zu erstellen • Gibt rasch einen Überblick und lässt mögliche Fehlentwicklungen erkennen • Gibt Hinweise auf fehlende Rollen und Verteilung der vorhandenen Ressourcen	• Rollen oft nicht beschrieben • Personen oft in Mehrfachfunktionen tätig • In der Praxis nicht so einfach zu erfassen, da sich HR-Personen als Allrounder definieren (Mehrfachrollen)

2.40 Verhältniszahl HR-Vollzeitäquivalente

Formel

$$\frac{\text{Summe Vollzeitäquivalente}}{\text{Summe Vollzeitäquivalente im HR-Bereich}}$$

Rechenbeispiel

$$\frac{46.000}{522} = \mathbf{88 : 1}$$

Erläuterung

Das Verhältnis der Anzahl HR-Vollzeitäquivalente im Vergleich zum Personalbestand (Vollzeitäquivalente) ergibt eine Richtgröße, welche einen Hinweis auf das Verhältnis von HR-Mitarbeitern zur Gesamtzahl der Mitarbeiter liefert. Die Verhältniszahl kann stark schwanken je nach Ausprägung der Personalfunktion und nach Branche.

Niedrige Verhältniszahlen lassen nicht explizit auf eine wirkungsvolle HR-Funktion schließen. Hohe Verhältniszahlen schränken die Möglichkeiten der direkten Einflussnahme der HR-Verantwortlichen aufgrund fehlender Ressourcen eher ein.

Vorteile	Nachteile
• Einfach zu ermitteln • Guter Indikator für weitere Untersuchungen	• Muss mit weiteren Kennzahlen, wie z.B Auswertungen nach HR-Funktionen oder HR-Kosten, im Vergleich beurteilt werden • Kennzahl sagt nichts über die Effizienz und Effektivität im HR-Bereich aus

Kapitel 3

Personal- und Ressourcenplanung

3.1 Blindbewerbungsindikator (Spontanbewerbungen)

Formel

$$\frac{\text{Summe der Blindbewerbungen pro Jahr}}{\text{Summe Vollzeitäquivalente}}$$

Rechenbeispiel

$$\frac{131.400}{46.000} = \mathbf{2,9}$$

Erläuterung

Blindbewerbungen belasten die Kapazitäten der HR stark. Trotzdem sind die Anzahl der Blindbewerbungen, die ein Unternehmen erhält, ein Indikator für die Bekanntheit des Unternehmens, evtl. sogar für die Attraktivität des Unternehmens als Arbeitgeber.
Selbstverständlich hat die Kennziffer auch einen Zusammenhang mit der Arbeitsmarktlage. Es ist jedoch hinlänglich bekannt, dass attraktive Unternehmen mehr Blindbewerbungen anziehen. Dabei müssten je nach Rekrutierungsbedarf alternative Bewerbungskanäle aus Effizienzgründen erprobt werden (elektronische Bewerbung). Die Behandlung der Blindbewerbung in angemessener Qualität ist jedoch auch ein Imagefaktor für die Unternehmen.
Die Kennzahl kann Hinweise geben über die Anzahl der Stellen, die für die Bearbeitung notwendig sind.

Vorteile	Nachteile
• Grundsätzlich einfach zu errechnen • Kann mit weiteren Rekrutierungskennzahlen verglichen werden • Ausgangslage für die Analyse von Rekrutierungsprozessen und Instrumenten	• Nur Firmen mit Rekrutierungsdatenbanken, in welchen Blind- oder Spontanbewerbungen erfasst werden, können diese Kennzahl verlässlich ermitteln • Kennzahl sagt nichts über die Antwortzeit und die Qualität des Blindbewerbungsprozesses aus

3.2 Gesamtbesetzungskosten einer Stelle (interne und externe Kosten)

Formel

$$\frac{\text{Gesamtkosten (interne und externe) für Rekrutierung}}{\text{Anzahl Zugänge (Einstellungen) pro Jahr}}$$

Rechenbeispiel

$$\frac{42{,}1 \text{ Mio. €}}{3.900} = \mathbf{10.795\ €}$$

Erläuterung

Die Gesamtbesetzungskosten bestehen aus internen Kosten (z.B. Löhne für HR, Infrastruktur, Zeit) und externen Kosten (z.B. Inserate, Werbung, Kosten für Personalvermittler). Werden diese durch die Anzahl der rekrutierten Personen pro Jahr geteilt, so erhält man die Gesamtbesetzungskosten einer Stelle. Die Kennzahl ist nicht sehr einfach zu ermitteln, sagt jedoch viel über die »Selbstorganisation« des Rekrutierungsprozesses aus.
Zu Beginn empfehlen wir nur die externen Kosten zu erheben, da diese einfacher zu ermitteln sind. Die Gesamtkosten der Rekrutierung berücksichtigen i.d.R. nicht die Vakanzkosten bis zur Stellenbesetzung.

Vorteile	Nachteile
• Hohe Aussagekraft zum Rekrutierungsprozess • Kann im Branchenvergleich wichtige Hinweise zur Effizienz des Rekrutierungsprozesses geben	• Schwierig zu ermitteln • Vergleichbarkeit eingeschränkt, weil sich die Profile und die Arbeitsmarktlage stark verändern können

3.3 Anzahl Einstellungen pro Recruiter

Formel

$$\frac{\text{Anzahl Zugänge (Einstellungen) pro Jahr}}{\text{Summe Recruiter}}$$

Rechenbeispiel

$$\frac{3.900}{100} = \mathbf{39}$$

Erläuterung

Diese Kennzahl gibt Hinweise auf die Effizienz der HR-Personen im Rekrutierungsprozess. Insbesondere im internen Vergleich kann sie interessante Aufschlüsse über die unterschiedlichen Arbeitsweisen und die Effizienz der Recruiter geben. Bei einer qualitativen Betrachtung sind die Unterschiede der Profile von hoher Bedeutung. Falls mehrheitlich gleiche oder ähnliche Profile rekrutiert werden, müsste sich dies in einer steigenden Kennzahl widerspiegeln. Die Effizienz kann durch geeignete Software-Lösungen signifikant erhöht werden.

Vorteile	Nachteile
• Einfach zu erheben • Im Vergleich innerhalb der HR-Abteilung aufschlussreich • Richtkennzahl zur Ermittlung der Rekrutierungskapazitäten	• Abhängig vom Rekrutierungsbedarf • Abhängig von der Verfügbarkeit der entsprechenden Fähigkeiten auf dem Arbeitsmarkt

3.4 Durchschnittliche Vakanzdauer bis zur Stellenbesetzung

Formel

$$\frac{\text{Summe der Monate aller Vakanzen}}{\text{Anzahl Zugänge (Einstellungen) pro Jahr}}$$

Rechenbeispiel

$$\frac{\text{24.570 Monate}}{\text{3.900}} = \textbf{6,3 Monate}$$

Erläuterung

Die Anzahl der Vakanzen multipliziert mit den Monaten der Nichtbesetzung zeigt die fehlenden Human-Kapazitäten. Die Anzahl der geplanten Stellen kann auch dauerhaft nicht erreicht werden (ewige Vakanzen). Falls dies über eine längere Zeit der Fall ist, müsste gegebenenfalls der Sollbestand nach unten angepasst werden.
Die Vakanz kann wie folgt definiert werden: Austrittsmonat des Stelleninhabers bis Neubesetzung der Stelle bzw. Arbeitsbeginn (erster Arbeitstag). Eine Person tritt per 31.10. aus dem Unternehmen aus. Die Stelle kann per 1.4. des Folgejahres (erster Arbeitstag) neu besetzt werden. Die Vakanzdauer beträgt somit fünf Monate.
Vakante Stellen, welche nicht mehr besetzt werden, sollten aus der Planung gestrichen werden (Überkapazitäten), da sonst die Kennzahl verfälscht wird.

Vorteile	**Nachteile**
• Durchschnittliche Dauer bis zur Besetzung einer Stelle wird ermittelt • Gibt Hinweise auf die Effizienz der Rekrutierungsprozesse • Gibt Hinweise auf die SOLL-Kapazitäten • Hohe Vakanzdauer kann hohe Kosten verursachen (Vertriebsverluste)	• Nicht immer einfach zu ermitteln (Datenquellen, erfasste Daten) • Kann durch die Verfügbarkeit der benötigten Qualifikationen (externe Faktoren) beeinflusst werden

3.5 Inseratkosten pro Einstellung

Formel

$$\frac{\text{Summe der Inseratkosten pro Jahr}}{\text{Anzahl Zugänge (Einstellungen) pro Jahr}}$$

Rechenbeispiel

$$\frac{2{,}9 \text{ Mio. €}}{3.900} = \mathbf{744\ €}$$

Erläuterung

Diese Kennzahl ermittelt die durchschnittlichen Kosten für Inserate und vergleichbare Werbung pro Einstellung. Sie kann im Vergleich mit anderen Kennzahlen zu interessanten Erkenntnissen führen. So können die Kosten z.B. pro Einstellung und pro Rekrutierungskanal weiter untersucht werden.

Hinweis: Die Kosten für Inserate können auf verschiedene Arten beeinflusst werden. Zum Beispiel durch Verträge mit Zeitungen und Werbeträgern (Rabatte), durch Koordination der Inserate oder durch die Benutzung anderer Plattformen, wie etwa Firmen-Homepages oder Jobbörsen.

Vorteile	**Nachteile**
• Einfach zu ermitteln • Erfahrungswerte helfen für die Budgetplanung	• Summe der Inseratkosten ist auch stark vom jeweiligen Medium abhängig • Enthält nur einen Teil der Rekrutierungskosten

3.6 Anzahl Bewerber pro Inserat

Formel

$$\frac{\text{Anzahl der Bewerber via Inserat}}{\text{Anzahl Inserate}}$$

Rechenbeispiel

$$\frac{21.805}{2.450} = \textbf{8,9 Bewerber}$$

Erläuterung

Diese Kennzahl gibt Hinweise auf den erfolgreichen Einsatz von Inseraten. Es ist denkbar, dass mehrere Inserate keinen signifikanten Zuwachs an qualifizierten Bewerbern erbringen, da der falsche Rekrutierungskanal verwendet wird, oder das Profil im Markt nicht verfügbar ist. Für interne Zwecke ist es auch sinnvoll, die Wirksamkeit einzelner Medien (Zeitungen, Magazine) zu messen, um das Budget für Inserate möglichst effizient einzusetzen. Die Kennzahl macht jedoch keine Aussage zur Qualität der Bewerbungen.
In dieser Kennzahl wurden die Blindbewerbungen nicht den Inseraten zugeordnet.

Vorteile	Nachteile
• Einfach zu ermitteln • Gibt Hinweis über Richtigkeit des Mediums oder die Gestaltung des Inserats	• Qualität der Inserate kann nicht ermittelt werden (z.B. Design der Anzeige, Tätigkeit, Ort der Anzeige) • Kennzahl erst aussagekräftig mit Bewerbungen im Verhältnis zu Einstellungen

3.7 Effizienz der Rekrutierungs-Interviews

Formel

$$\frac{\text{Anzahl Interviews pro Jahr}}{\text{Anzahl Zugänge (Einstellungen) pro Jahr}}$$

Rechenbeispiel

$$\frac{36.660}{3.900} = \mathbf{9{,}4\ Interviews}$$

Erläuterung

Diese Kennzahl gibt einen Hinweis über die Struktur und Effizienz des Rekrutierungsprozesses. Es ist zudem möglich, Auswertungen nach Subkategorien zu erstellen (z.B. Erst-, Zweit-, Dritt-Interview, evtl. Assessment Center, Anstellungsgespräche, Vertragsvereinbarungen).
Das Beispiel zeigt, dass im Durchschnitt 9,4 Interviews zu einer Anstellung geführt haben.

Vorteile	Nachteile
• Gibt grobe Übersicht über die Struktur des Rekrutierungsprozesses • Mit dieser Kennzahl können die Rekrutierungsdauer und -kosten simuliert werden • Kann im Vergleich zu Mitbewerbern wichtige Hinweise zur Effizienzsteigerung geben	• Kann je nach Branche und Rekrutierungsprozess stark unterschiedlich sein • Trifft keine Aussage über die Qualität der Interviews • Sagt nichts aus über Beurteilung des Rekrutierungsprozesses aus Sicht der Bewerber

3.8 Einstellungseffizienz pro Rekrutierungskanal

Formel

$$\frac{\text{Anzahl der Einstellungen pro Rekrutierungskanal}}{\text{Anzahl Zugänge (Einstellungen) pro Jahr}} \times 100\%$$

Rechenbeispiel

$$\frac{200^*}{3.900} \times 100\% = \mathbf{5{,}1\%}$$

* Beispiel mit rekrutierten Hochschulabsolventen

Erläuterung

Diese Kennzahl gibt Hinweise über die Quelle der Einstellungen. Dies können zum Beispiel wie im obigen Rechenexempel dargestellt das eigene Hochschulmarketing oder aber Spontanbewerbungen, Bewerbungen via Internet auf ausgeschriebene Stellen, Personalberater oder interne Wechsel sein. Diese Rekrutierungskanäle müssen definiert sein, um Auswertungen erstellen zu können. Die Kennzahl kann wichtige Erkenntnisse über die lokalen Rekrutierungsmärkte liefern (Bewerberverhalten).

Vorteile	Nachteile
• Gibt Hinweise, woher die neuen Mitarbeiter kommen und wie sie zum Unternehmen finden • Kann Hinweise für Rekrutierungsstrategien geben • Kann in Verbindung mit weiteren Kennzahlen Kosteneinsparpotentiale aufdecken	• Es sollte unterschieden werden, ob z.B. ein Vorstandsmitglied durch eine Personalberatung rekrutiert wird oder studentische Kräfte für Aushilfstätigkeiten, d.h. die Qualität der Arbeitskräfte bleibt unberücksichtigt • Keine Aussage zu den entstandenen Kosten

3.9 Einstellungsquote

Formel

$$\frac{\text{Anzahl der Zugänge (Einstellungen) pro Jahr}}{\text{Anzahl der Mitarbeiter}} \times 100\%$$

Rechenbeispiel

$$\frac{3.900}{52.100} \times 100\% = \mathbf{7{,}5\%}$$

Erläuterung

Diese Kennzahl ermittelt den Prozentsatz der neuen Mitarbeiter im Verhältnis zur Mitarbeiteranzahl. Sie kann Erkenntnisse über den Integrationsbedarf und -aufwand geben.

Die Einstellungsquote ist insbesondere in der Betrachtung mit anderen Kennzahlen interessant, wie z.B. Personalwachstum, durchschnittliche Kosten pro Mitarbeiter, durchschnittlicher Personalaufwand, Fluktuation oder Frühfluktuation (siehe 3.14 / 3.15).

Vorteile	Nachteile
• Gibt Hinweise über den Integrationsbedarf • Wertvolle Kennzahl in Kombination zu anderen Zahlen • Ein hoher Prozentsatz kann viele Ressourcen für die Einarbeitung der neuen Mitarbeiter binden und daher zu Effizienzverlusten führen. Die Erkenntnisse sind für das Unternehmen wichtig	• Nicht ermittelbar, wenn in Krisenzeiten Mitarbeiterentlassungen stattfinden oder Einstellungsstopp herrscht

3.10 Externe Zugangsquote

Formel

$$\frac{\text{Anzahl der Einstellungen externer Personen}}{\text{Anzahl Zugänge (Einstellungen) pro Jahr}} \times 100\%$$

Rechenbeispiel

$$\frac{3.846}{3.900} \times 100\% = \mathbf{98{,}6\%}$$

Erläuterung

Diese Kennzahl ermittelt die Höhe der Einstellungen von außerhalb des Unternehmens (Neueinstellungen). Dies sind Mitarbeiter, die neu ins Unternehmen eintreten. Ein hoher Prozentsatz, wie im obigen Beispiel unterstellt, lässt auf eine relativ geringe interne Durchlässigkeit bzw. Rotation schließen. Ist dies der Fall, sind die Nachwuchsplanung und das Skills-Management (d.h. die Mitarbeiterweiterentwicklung) zu überprüfen und ggf. zu verbessern.

Vorteile	Nachteile
• Gibt Hinweise über die Fähigkeit des Unternehmens, Vakanzen mit bestehenden Mitarbeitern zu besetzen • Kann Hinweise über die Versetzungsbereitschaft der Mitarbeiter liefern • Im Zeitverlauf aussagekräftig	• Nicht aussagekräftig, wenn Unternehmen in neuen Geschäftsbereich eintritt und auf externes Know-how angewiesen ist • Interne Versetzung teilweise nicht einfach festzustellen

3.11 Interne Zugangsquote

Formel

$$\frac{\text{Anzahl Einstellungen interner Personen}}{\text{Anzahl Zugänge (Einstellungen) pro Jahr}} \times 100\%$$

Rechenbeispiel

$$\frac{54}{3.990} \times 100\% = \mathbf{1{,}3\%}$$

Erläuterung

Diese Kennzahl erläutert die Höhe der Einstellungen aus firmeninternen Quellen (z.B. durch Jobrotation, Versetzung oder Beförderung) und ist somit das Gegenstück zur externen Zugangsquote (vgl. vorherige Seite). Ein hoher Prozentsatz lässt auf eine hohe interne Durchlässigkeit schließen. Offensichtlich besteht in einem solchen Falle eine gezielte Planung der zu besetzenden Stellen (Nachfolgeplanung).
Die Kennzahl kann auch ermittelt werden, indem der Kehrwert der externen Zugangsquote herangezogen wird. In der Regel sind die internen Versetzungen im Personalinformationssystem schwierig zu identifizieren, weil diese Angaben je nach Unternehmen unterschiedlich oder nicht im Personalinformationssystem erfasst werden.

Vorteile	Nachteile
• Gibt Hinweise auf die Qualität der Nachfolgeplanung • Gibt Hinweise auf die Entwicklungs- und Förderungsplanung	• Relativ schwierig zu erheben (Daten im Personalinformationssystem, Reorganisationen, etc.) • Kann bei erheblichem Wachstum verzerrt werden • Teilweise interpretationsbedürftig

3.12 Externe Personalbeschaffungskosten

Formel

$$\frac{\text{Summe der externen Kosten für Rekrutierung}}{\text{Anzahl Zugänge (Einstellungen) pro Jahr}}$$

Rechenbeispiel

$$\frac{29{,}4 \text{ Mio. €}}{3.900} = \mathbf{7.538\ €}$$

Erläuterung

Diese Kennzahl ermittelt die durchschnittlichen, direkten Kosten der Rekrutierung pro Einstellung. Diese beinhalten alle Aufwendungen für Inserate, Personalvermittlerkosten und »Head Hunter« (Executive Search).

Eine hohe Kennziffer lässt auf eine häufige Verwendung von externen Rekrutierungsquellen schließen (z.B. Personalvermittler). Die externen Personalbeschaffungskosten können als Ausgangspunkt für eine tiefergehende Kostenanalyse benutzt werden.

Vorteile	Nachteile
• Wichtige Kennzahl, weil die Rekrutierungskosten begründet und verglichen werden können • Gibt Hinweise über die Qualität der firmeninternen Rekrutierung • Gibt Hinweise über »Personalvermittlerfreundlichkeit« der Firma • Kann großes Einsparpotential aufzeigen	• Kennzahlen müssen aus dem Controllingsystem oder dem Finanzsystem ermittelt werden. • Kosten stehen ggf. in Zusammenhang mit der Qualität der neuen Mitarbeiter

3.13 Anstellungsquote der Hochschulabsolventen

Formel

$$\frac{\text{Anzahl der rekrutierten Hochschulabsolventen}}{\text{Anzahl Zugänge (Einstellungen) pro Jahr}} \times 100\%$$

Rechenbeispiel

$$\frac{200}{3.900} \times 100\% = \mathbf{5{,}1\%}$$

Erläuterung

Diese Kennzahl gibt Hinweise über den Bedarf des Unternehmens an Hochschulabgängern. Zudem ist in einer weiteren Analyse auch interessant, welche Hochschulen für das Unternehmen besonders viele neue Mitarbeiter ausbilden, um gezielter rekrutieren zu können. Die Kennzahl kann auch in Bezug gestellt werden zum gesamten Aufwand, der für Hochschulmarketing betrieben wird.

Vorteile	Nachteile
• Zentrale Kennzahl für die Analyse des Hochschulmarketings • Kann ins Verhältnis zu weiteren Rekrutierungszahlen gesetzt werden • Lässt Bedarf an gut ausgebildetem Personal erkennen	• Nicht für alle Firmen von hoher Relevanz • Von Branche zu Branche unterschiedlich • Abhängig vom wirtschaftlichen Umfeld

3.14 Fluktuationsrate

Formel

$$\frac{\text{Gesamtabgänge pro Jahr}}{\text{Summe Vollzeitäquivalente}} \times 100\%$$

Rechenbeispiel

$$\frac{3.600}{46.000} \times 100\% = \mathbf{7{,}8\%}$$

Erläuterung

Die Fluktuationsrate gibt Hinweise über die Anzahl der Abgänge (freiwillige und unfreiwillige) im Verhältnis zur durchschnittlichen Gesamtzahl der Mitarbeiter (Vollzeitäquivalente). Die Kennzahl kann auch monatlich ermittelt werden, liefert jedoch keine Aussage zu den im Betrieb verbleibenden Mitarbeitern und ihren Absichten, ggf. auch das Unternehmen zu verlassen. Die Fluktuation wird dabei von externen Faktoren, wie z.B. dem Arbeitsmarkt oder der Konjunktur beeinflusst. Eine hohe Fluktuationsrate verursacht i.d.R. hohe zusätzliche Kosten und erheblichen Mehraufwand für die Firma.

Befristete Verträge, welche nicht verlängert werden, sind nicht in dieser Kennzahl zu berücksichtigen.

Vorteile	Nachteile
• Kennzahl wird beinahe von allen Firmen gemessen, wodurch viele Vergleichsmöglichkeiten bestehen • Relativ einfach zu ermitteln	• Abhängig von der Konjunktur • Interpretationsbedürftig • Fluktuationsgründe werden nicht sichtbar

3.15 Frühfluktuationsrate

Formel

$$\frac{\text{Anzahl Kündigungen innerhalb von sechs Monaten}}{\text{Anzahl Zugänge (Einstellungen) pro Jahr}} \times 100\%$$

Rechenbeispiel

$$\frac{400}{3.900} \times 100\% = \mathbf{10{,}3\%}$$

Erläuterung

Die Frühfluktuationsrate ermittelt den Prozentsatz der Abgänge (freiwillige und unfreiwillige) innerhalb der ersten sechs Monate im Verhältnis zur Gesamtzahl der Neueinstellungen innerhalb eines Jahres.
Eine hohe Frühfluktuationsrate verursacht hohe zusätzliche Kosten und erheblichen Mehraufwand für die Firma. Es können verdeckte Signale über fehlendes Integrationsvermögen der Firma oder mangelnde Sorgfalt im Rekrutierungsprozess vermutet werden.
Abgänge während der Probezeit sind nicht in dieser Kennzahl zu berücksichtigen.

Vorteile	Nachteile
• Wichtige Kennzahl, da sie Hinweise auf fehlende Qualität des Rekrutierungsprozesses gibt • Indikator für mögliche fehlende Qualität des Anlernprozesses oder Integrationsfähigkeit	• Wird selten erhoben • Kennzahl sagt nichts über die Gründe der Frühfluktuation aus • Gibt keine Hinweise auf die Kosten

3.16 Ordentliche Abgangsquote

Formel

$$\frac{\text{Anzahl ordentlicher Kündigungen pro Jahr}}{\text{Gesamtabgänge pro Jahr}} \times 100\%$$

Rechenbeispiel

$$\frac{3.245}{3.600} \times 100\% = \mathbf{90{,}1\%}$$

Erläuterung

Unter ordentlichen Kündigungen versteht man die Anzahl der Mitarbeiter, die selbst die Kündigung einreichen, sei dies auf Grund von neuen Herausforderungen oder aus persönlichen Gründen.

Auswertungen in Bezug auf die Austrittsgründe können erstellt werden, wenn die Austrittsgründe beispielsweise in den Austrittsgesprächen geklärt und anschließend im Personalinformationssystem erfasst werden. Diese Auswertungen sind jedoch mit Vorsicht zu genießen, da nicht immer die wahren Gründe genannt werden.

Vorteile	Nachteile
• Einfach zu erstellen • Detaillierte Information, da weiter aufgeschlüsselt als die reine Fluktuation	• Kann nicht immer erstellt werden, weil die Angaben nicht immer erfasst werden • Wirkliche Austrittsgründe können verschleiert werden

3.17 Ordentliche Abgangsquote nach Beschäftigungsdauer

Formel

$$\frac{\text{Summe der Dienstjahre von Mitarbeitern mit ordentlicher Kündigung}}{\text{Gesamtabgänge pro Jahr}}$$

Rechenbeispiel

$$\frac{33.150 \text{ Jahre}}{3.600} = \mathbf{9{,}2\ Jahre}$$

Erläuterung

Diese Kennzahl ergibt die durchschnittliche Dauer nach Dienstjahren für die austretenden Mitarbeiter. Vertiefte Kenntnisse können gewonnen werden, wenn weitere Auswertungen nach Führungsebenen oder nach Berufsgruppen bzw. Segmenten erstellt werden. Erfahrene Mitarbeiter nehmen auch entsprechend viel firmenspezifisches Wissen aus dem Unternehmen mit, welches oft nicht dokumentiert ist. Dies stellt ein Risiko für das Unternehmen dar. Auf der anderen Seite bringen neue Kräfte frischen Wind in den Betrieb.

Die Kennzahl kann in Relation zur durchschnittlichen Betriebszugehörigkeit gebracht werden, was bereits eine gewisse innerbetriebliche Vergleichbarkeit ermöglicht.

Vorteile	Nachteile
• Gibt mögliche Hinweise über den Erfahrungsverlust bei Firmen • Zeigt im Zeitverlauf einen gewissen Personalumschlag	• Eine lange Dienstzugehörigkeit muss nicht zwangsläufig positiv für das Unternehmen sein • Sollte fallweise beurteilt werden, da Durchschnittszahl verzerren kann

3.18 Außerordentliche Abgangsquote

Formel

$$\frac{\text{Anzahl außerordentlicher Kündigungen pro Jahr}}{\text{Gesamtabgänge pro Jahr}} \times 100\%$$

Rechenbeispiel

$$\frac{355}{3.600} \times 100\% = \mathbf{9{,}9\%}$$

Erläuterung

Unter außerordentlichen Kündigungen verstehen wir die Mitarbeiter, die vom Unternehmen die Kündigung erhalten. Mögliche Gründe können fehlende Leistung oder soziale Unverträglichkeit sein. Kündigungen innerhalb der Probezeit werden nicht dazugerechnet.

Personalabbaumaßnahmen beeinflussen diese Kennziffer. Es würde sich dann lohnen, diese Entlassungen auch so zu deklarieren, bzw. in der »normalen« Statistik gesondert auszuweisen.

Betriebliche Kündigungen können nicht grundsätzlich vermieden werden. Entlassungen altgedienter Mitarbeiter aufgrund fehlender Leistung sind jedoch zu Recht kritisch zu prüfen (tatsächliche Gründe werden verschleiert).

Vorteile	**Nachteile**
• Gibt Hinweise darauf, wie ein Unternehmen mit Spezialfällen umgeht (z.B. fehlende Leistung) • Kann in Zusammenhang mit personalpolitischen Grundsätzen gestellt werden	• Unklar, ob es sich um Entlassungen aufgrund wirtschaftlicher Schwierigkeiten handelt oder direkt auf den Mitarbeiter zurückzuführen ist

3.19 Frühpensionierungen im Verhältnis zu ordentlichen Pensionierungen

Formel

$$\frac{\text{Anzahl Frühpensionierungen}}{\text{Anzahl Pensionierungen}} \times 100\%$$

Rechenbeispiel

$$\frac{204}{1.322} \times 100\% = \mathbf{15{,}4\%}$$

Erläuterung

Die Gesamtanzahl der Frühpensionierungen (freiwillige und unfreiwillige) vor Erreichen des Pensionsalters im Verhältnis zu den Pensionierungen bei Erreichen des ordentlichen Pensionierungsalters gibt Hinweise über die Fähigkeit des Unternehmens, die Mitarbeiter bis zu ihrer Pensionierung im Unternehmen einsetzen zu können.

Frühpensionierungen kann ein Unternehmen einsetzen, um im Falle des Stellenabbaus keine jüngeren Mitarbeiter entlassen zu müssen. Umgekehrt können Frühpensionierungen aber auch einem Bedürfnis der betroffenen Mitarbeiter entsprechen. Dabei sollten die finanziellen Konsequenzen sowohl für das Unternehmen als auch den Mitarbeiter vorab genau abgeklärt werden.

Vorteile	Nachteile
• Wichtiger Indikator, der den Umgang mit älteren Mitarbeitern beschreibt	• Frühpensionierungen werden oft tabuisiert • Frühpensionierungen können für das Unternehmen hohe Kosten verursachen

3.20 Durchschnittliche Frühpensionierungskosten pro Fall

Formel

$$\frac{\text{Kosten für Frühpensionierungen (Abfindungszahlungen)}}{\text{Anzahl der Frühpensionierungen}}$$

Rechenbeispiel

$$\frac{22{,}8 \text{ Mio. €}}{204} = \mathbf{111.765\ €}$$

Erläuterung

Die durchschnittlichen Kosten für die Frühpensionierung beinhalten in erster Linie Abfindungszahlungen.

Die Summe pro Fall (der theoretische Einkauf von Renten) errechnet sich aus den fehlenden Altersvorsorgebeiträge (Arbeitgeberbeiträge), unter der Annahme, dass das versicherte Gehalt gleichgeblieben wäre und die Personen das ordentliche Pensionsalter erreicht hätten.

Im Einzelfall sind die firmenspezifischen Pensionskassenregelungen zu konsultieren.

Vorteile	Nachteile
• Transparenz über zusätzlich anfallende Kosten • Die Auswirkungen für Arbeitgeber und Arbeitnehmer können ermittelt werden	• Wird selten ermittelt, da häufig tabuisiert

3.21 Durchschnittliche Outplacementkosten pro Fall

Formel

$$\frac{\text{Kosten aller Outplacements}}{\text{Anzahl bezahlter Outplacements}}$$

Rechenbeispiel

$$\frac{5{,}1 \text{ Mio. €}}{255} = \mathbf{20.000\ €}$$

Erläuterung

Unter Outplacement versteht man die fachliche Unterstützung durch externe Fachkräfte während einer bestimmten Zeit, nachdem Mitarbeiter die Kündigung erhalten haben (Professionelle Unterstützung bei der Neuorientierung). Nicht allen entlassenen Mitarbeitern wird ein Outplacement bezahlt. Die Gründe dafür sind vielfältig und kommen in der Kennzahl nicht zum Ausdruck.

Bei dieser Formel werden nur die direkten Kosten für das Outplacement berücksichtigt. Interne Kosten, wie fehlende Arbeitsleistung, HR-Kosten für Betreuung (Suche des richtigen Outplacement-Beraters) oder Ersatzanstellungskosten werden hier nicht berücksichtigt.

Vorteile	Nachteile
• Kann gute Richtwerte für die Zukunft ergeben	• Wird selten erhoben (Tabuisierung)
• Die zukünftigen direkten Kosten können entsprechend simuliert und geschätzt werden	• Kennzahl sagt nichts über die Gründe der Outplacements aus

3.22 Fluktuationskosten (direkte und indirekte Kosten) pro Mitarbeiter

Formel

$$\frac{\text{Fluktuationskosten*}}{\text{Gesamtabgänge pro Jahr}}$$

* Fluktuationskosten = Ausstellungskosten** + Einstellungskosten***

**Ausstellungskosten = Kosten der Minderleistung (Freileistung, Abwesenheiten) + Abwicklungskosten (HR-Aufwände)

***Einstellungskosten = Anwerbungskosten (Rekrutierungskosten für Inserate, etc.) + Auswahlkosten (Selektionskosten) + Einarbeitungskosten (Training, Führung)

Rechenbeispiel

$$\frac{92{,}2 \text{ Mio. €}}{3.600} = \mathbf{25.611\ €}$$

Erläuterung

Die Fluktuationskosten beinhalten alle direkten und indirekten Kosten, welche durch die Fluktuation beim Unternehmen entstehen. In der Praxis kann diese Kennzahl nur näherungsweise ermittelt werden.

Bei qualifizierten Funktionen werden in der Literatur sechs und bei Führungsfunktionen zwölf Monatsgehälter als Richtgröße angeführt. Aus der Erfahrung teilen sich die direkten und die indirekten Kosten ca. zu 1/3 in direkte Kosten und zu 2/3 in indirekte Kosten auf.

Vorteile	Nachteile
• Beinhaltet direkte und indirekte Kosten • Hohe Transparenz über Gesamtkosten	• Muss mit Schätzungen adjustiert werden • Kann im Einzelfall stark abweichen

3.23 Fluktuationskosten im Verhältnis zu Personalkosten

Formel

$$\frac{\text{Fluktuationskosten}}{\text{Personalkosten}} \times 100\%$$

Rechenbeispiel

$$\frac{92{,}2\text{ Mio. €}}{2.453\text{ Mio. €}} \times 100\% = \mathbf{3{,}8\%}$$

Erläuterung

Die Fluktuationskosten im Verhältnis zu den Personalkosten geben einen guten Hinweis über den Prozentanteil der Kosten, der für das Personal aufgewendet werden muss, jedoch für das Unternehmen keinen Mehrwert schafft.

Die Kosten können teilweise vermieden oder beeinflusst werden durch Analyse der Gründe. Hierzu zählen z.B. Führungsprobleme, Rollenunklarheit, Arbeitsplatzkonflikte oder fehlende Entwicklungsmöglichkeiten.

Vorteile	**Nachteile**
• Gibt Hinweise über den Prozentanteil der Personalkosten, welche keinen Mehrwert geschaffen haben • Kann für personalpolitische Überlegungen weiterverwendet werden (z.B. Entlassungen)	• Schwierig zu ermitteln • Abhängig von firmenspezifischen Rahmenbedingungen (Größe, Branche, Gehälter) • Interpretationsbedürftig

3.24 Anteil Kündigungen von Leistungsträgern

Formel

$$\frac{\text{Anzahl Abgänge von Leistungsträgern}}{\text{Gesamtabgänge pro Jahr}}$$

Rechenbeispiel

$$\frac{920^*}{3.600} \times 100\% = \mathbf{25{,}6\%}$$

* Annahme: zu den 3.600 Abgängen zählen 920 Leistungsträger

Erläuterung

Diese Kennzahl zeigt die Anzahl der Abgänge von Leistungsträgern bzw. von Personen mit einem hohen Skalenwert in der Leistungsbewertung.

Hohe Prozentwerte lassen auf Fehlentwicklungen im Unternehmen schließen, wie z.B. fehlende Attraktivität, ungenügende Entwicklungsmöglichkeiten, mangelhafte Entlohnungskonzepte, fehlende Anreizsysteme oder ungenügende Integration. In diesem Fall sollten umgehend Gegensteuerungsmaßnahmen eingeleitet werden.

Vorteile	Nachteile
• Aufwände zur Erstellung sind relativ gering • Hoher Lerneffekt für das Unternehmen möglich • Kann auch für Branchenvergleiche verwendet werden	• Wird in der Praxis teilweise tabuisiert • Bedeutung wird heruntergespielt

Kapitel 4

Vergütung und Lohnnebenleistungen

4.1 Lohnabrechnungskosten pro Jahr (Cost per Payslip)

Formel

$$\frac{\text{Gesamtkosten für die Lohnabrechnung}}{\text{Anzahl der Mitarbeiter}}$$

Rechenbeispiel

$$\frac{16{,}9 \text{ Mio. €}}{52.100} = \mathbf{325\ €}$$

Erläuterung

Die Gesamtkosten für die Lohnabrechnung beinhalten die Personalkosten für die Abteilung Lohnabrechnung, die Infrastrukturkosten (Arbeitsplätze) und die Aufwände für das Personalinformationssystem (z.B. Lizenzen, jährliche Wartungskosten), die Kosten für die monatlichen Lohnabrechnungen sowie die Steuererklärung. Ebenso sind darin auch die Bankgebühren und Druckkosten für die Abrechnungen enthalten. Ein teures Personalinformationssystem kann die Kosten stark nach oben beeinflussen.
Teilt man diese Gesamtkosten der Lohnabrechnung durch die Gesamtzahl der Mitarbeiter, so erhält man die jährlichen Lohnabrechnungskosten pro Mitarbeiter.

Vorteile	Nachteile
• Übersicht über Kosten für die Gehaltsabrechnung pro Mitarbeiter (Grundlage für unternehmerische Entscheidungen wie z.B. Outsourcing, Systementscheidungen) • Kann als Richtgröße für ein geplantes Outsourcing verwendet werden	• Die Lohnadministration hat oft weitere Aufgaben, welche nicht separiert werden können, und daher die Kosten erhöhen • Stark abhängig vom gewählten Personalinformationssystem (Grundkosten)

4.2 Durchschnittliche Vergütung pro Vollzeitäquivalent

Formel

$$\frac{\text{Personalaufwand}}{\text{Summe Vollzeitäquivalente}}$$

Rechenbeispiel

$$\frac{2.453 \text{ Mio. €}}{46.000} = \mathbf{53.326\ €}$$

Erläuterung

Diese Kennzahl gibt einen Hinweis auf die durchschnittlichen Gesamtpersonalkosten pro Vollzeitäquivalent. Diese enthalten neben dem Basisgehalt weitere (monetäre) Zuwendungen, variable Lohnbestandteile (Boni) sowie Lohnnebenkosten inkl. den Sozialabgaben des Arbeitgebers. Diese Kennzahl ist insbesondere interessant im Branchenvergleich, im Vergleich der Länder und im Verhältnis zum Gewinn und Umsatz. Sie kann Ausgangslage für personalpolitische Entscheidungen sein (z.B. Sparmaßnahmen, Personalabbau, Gehaltsanpassungen). Ebenso ist die Entwicklung der Kennzahl über die Zeit eine verlässliche Größe, um Hinweise zur Personalkostenentwicklung zu erhalten. Firmen mit hohen Zuwachsraten oder hoher Fluktuation haben i.d.R. deutlich höhere durchschnittliche Personalkosten zu erwarten.

Vorteile	**Nachteile**
• Einfach zu ermitteln, auch aus öffentlichen Quellen (z.B. Geschäftsbericht) • Gibt im Jahresvergleich wichtige Hinweise über die Personalkostenentwicklung • Hinweis auf das Gehaltsniveau im Vergleich zur Branche und damit Indikator für die Attraktivität des Arbeitsgebers aus Mitarbeitersicht	• Aus öffentlichen Quellen durch länderspezifische Unterschiede oft ungenau, daher pro Land zu ermitteln • Nicht sehr genau, da Durchschnittswert • Gibt keine Hinweise auf das innerbetriebliche Lohngefälle

4.3 Umsatz-Personalkosten Vergleich (Arbeitsintensität)

Formel

$$\frac{\text{Umsatz}}{\text{Personalaufwand}}$$

Rechenbeispiel

$$\frac{14.019 \text{ Mio. €}}{2.453 \text{ Mio. €}} = \mathbf{5{,}71}$$

Erläuterung

Die Arbeitsintensität setzt den erzielten Umsatz in Relation zu dem Personalaufwand innerhalb einer Periode. Die Kennzahl bringt damit zum Ausdruck wie viel Euro Umsatz mit einem Euro Personalaufwand erzielt werden konnte (im obigen Beispiel 5,71 €). Die Kennzahl zeigt im Zeitverlauf, inwiefern sich die Produktivität eines Unternehmens verändert. Hat ein Unternehmen innerhalb einer Branche eine überdurchschnittlich tiefe Arbeitsintensität, so deutet dies auf einen effizienten Personaleinsatz bzw. eine relativ hohen Intensität an Maschinen hin. Zu berücksichtigen ist bei der Analyse dieser Kennzahl gleichzeitig die Materialintensität und die Umsatzmarge, da die Kennzahl alleine nicht aussagekräftig genug ist. Der Kehrwert der Kennzahl (Personalaufwand / Umsatz × 100%) zeigt, welcher Prozentsatz des Umsatzes allein für Personalaufwendungen verbucht wurde und dient daher dem Unternehmensvergleich.

Vorteile	Nachteile
• Produktivität des Personals im Zeitverlauf erkennbar • Einsparpotentiale können aufgedeckt werden • Personalaufwand weniger beeinflussbar als z.B. Marketingaufwand	• Personalaufwand kann z.B. durch Veränderungen der Sozialversicherungsbeiträge verfälscht sein • Nur im Zusammenhang mit anderen Produktionsaufwendungen und Margen aussagekräftig

4.4 Gesamtvergütungsentwicklung

Formel

$$\frac{\text{Personalaufwand Jahr n}}{\text{Personalaufwand n} - 1} \times 100\%$$

Rechenbeispiel

$$\frac{2.453 \text{ Mio. €}}{2.403 \text{ Mio. €}} \times 100\% = \mathbf{2{,}1\%}$$

Erläuterung

Diese Kennzahl gibt Hinweise über die Lohnsummenentwicklung im Jahresvergleich. Im vorliegenden Beispiel erhöhte sich die Gesamtlohnsumme um 2,1%. Lohnsummenzuwachs kann durch eine erhöhte Anzahl Mitarbeiter entstehen. Es ist jedoch auch möglich, dass neu rekrutierte Mitarbeiter zu höheren Lohnkosten zum Unternehmen stoßen. Alle Arten von Lohnerhöhungen, wie z.B. erhöhte Tarifabschlüsse, führen zu einer steigenden Lohnsumme. In der Regel sinken die Personalkosten nur bei massivem Personalabbau.

Vorteile	Nachteile
• Einfach zu ermitteln • Ausgangspunkt für Ursachenanalyse, wie z.B verdeckte unterjährige Erhöhungen oder höhere Gehälter bei Einstellungen • Interessant im Branchenvergleich, ob Gehaltsniveau überdurchschnittlich stark ansteigt	• Ursache für die Entwicklung nicht auf den ersten Blick erkennbar • Kann durch hohen Zuwachs oder Schrumpfung der Mitarbeiterzahl verzerrt sein

4.5 Lohnformenstruktur

Formel

$$\frac{\text{Lohnkomponente}}{\text{Personalaufwand}} \times 100\%$$

Rechenbeispiel

$$\frac{368 \text{ Mio. €*}}{2.453 \text{ Mio. €}} \times 100\% = \mathbf{15{,}0\%}$$

* Beteiligungsmodelle (LTI)

Erläuterung

Die Lohnformenstruktur gibt Hinweise über den Aufbau der Gesamtentlohnung aller Mitarbeiter. Die wesentlichsten Komponenten sind das Grundgehalt (Fixgehalt), der variable Lohnanteil (Bonus), der variable langfristige Lohnanteil (z.B. LTI, Optionen, Aktien), die Lohnnebenleistungen (»Fringe Benefits«, inkl. Sozialabgaben des Arbeitgebers) und die Leistungen des Arbeitgebers für die Altersvorsorge (Pensionskassen).

Die Struktur variiert von Unternehmen zu Unternehmen und leitet sich aus der Gehaltsstrategie ab. Oft bestehen je nach Führungsebene unterschiedliche Gesamtvergütungsmodelle.

LTI = Long Term Incentive (langfristige Anreizkomponente)
STI = Short Term Incentive (kurzfristige Anreizkomponente)

Vorteile	Nachteile
• Gibt Hinweise über den Aufbau des Gehaltssystems • Setzt den fixen Lohnanteil in Relation zum Gesamtlohn	• Spezifische Entlohnungserfahrung für eine qualitative Auswertung notwendig

4.6 Variabler Vergütungsanteil in Prozent

Formel

$$\frac{\text{Variabler Vergütungsanteil}}{\text{Personalaufwand}} \times 100\%$$

Rechenbeispiel

$$\frac{221}{2.453} \times 100\% = \mathbf{9{,}0\%}$$

Erläuterung

Die Struktur variiert von Unternehmen zu Unternehmen und leitet sich aus der Entlohnungsstrategie ab.

Der variable kurzfristige Gehaltsanteil kann sich von Jahr zu Jahr verändern. Er orientiert sich häufig am Gesamtumsatz bzw. Jahresüberschuss des Unternehmens (Ausnahme: fixe Boni oder keine Verknüpfung mit dem Unternehmenserfolg). Die Höhe ist in der Regel je nach Führungsebene verschieden.

Der variable Lohnanteil sollte in einem vernünftigen Verhältnis zum Gewinn stehen. Die Praxis zeigt jedoch keine Regel, vielmehr sollten die Interessen von Aktionären bzw. Gesellschaftern und Mitarbeitern angemessen berücksichtigt werden.

Vorteile	Nachteile
• Zeigt, ob Leistungsanreize im Unternehmen bestehen • Gibt Hinweise über die Entlohnungsstrategie • Kann für Branchenvergleiche und die Analyse der Unternehmensattraktivität herangezogen werden	• Durchschnittswert, ggf. bekommt nur der Vertrieb und das Management einen variablen Lohnanteil • Keine Hinweise über die verschiedenen Hierarchien

4.7 Anteil der Lohnnebenkosten

Formel

$$\frac{\text{Summe Lohnnebenkosten}}{\text{Personalaufwand}} \times 100\%$$

Rechenbeispiel

$$\frac{250 \text{ Mio. €}}{2.453 \text{ Mio. €}} \times 100\% = \mathbf{10{,}2\ \%}$$

Erläuterung

Die Lohnnebenkosten orientieren sich größtenteils am Basisgehalt und sind von daher fixer Lohnbestandteil. Je nach Unternehmen werden freiwillig zusätzliche Lohnnebenleistungen offeriert, wie z.B. Spesen, Gutscheine oder Essensvergünstigungen. Der Autor empfiehlt, nur die quantifizierbaren Lohnnebenleistungen (Sozialabgaben, Versicherungsleistungen) in die Berechnung einzubeziehen. Zusätzliche Urlaubstage oder Betriebsausflüge sollten zwecks besserer Vergleichbarkeit nicht berücksichtigt werden.
Im internationalen Vergleich ist die Höhe der Lohnnebenkosten sehr unterschiedlich.

Vorteile	Nachteile
• Übersicht über die Kosten der Nebenleistungen • Vergleich mit der Branche oder anderen Arbeitgebern wird ermöglicht	• Ermittlung benötigt gewisse zusätzliche Kenntnisse und Erfahrung (Entlohnungsfachkenntnisse) • Summe der Lohnnebenkosten ist durch das Unternehmen nur in geringem Maße beeinflussbar • Kann von Land zu Land stark abweichen

4.8 Vergütungsfaktor Führungskräfte

Formel

$$\frac{\text{Personalkosten für Führungskräfte}}{\text{Personalaufwand}} \times 100\%$$

Rechenbeispiel

$$\frac{1.040 \text{ Mio. €}}{2.453 \text{ Mio. €}} \times 100\% = \mathbf{42{,}4\%}$$

Erläuterung

Diese Kennzahl zeigt, welchen prozentualen Anteil der gesamten Personalkosten die Führungskräfte für sich beanspruchen.

Als Führungskräfte bezeichnet der Autor die Geschäftsleitung und die nächsten zwei bis drei Führungsebenen. Der Vergütungsfaktor kann auch für verschiedene Mitarbeitergruppen erhoben werden (z.B. nach Führungsebenen, Direktionen oder Abteilungen).

Vorteile	Nachteile
• Zeigt den Vergütungsanteil, den alle Führungskräfte beanspruchen • Gibt Hinweise für die Budgetplanung	• Nur beschränkt vergleichbar, da nicht alle Firmen vergleichbare Führungsstrukturen besitzen • International kaum vergleichbar (Bsp. USA versus Europa)

4.9 Vergütungsfaktor Geschäftsleitung

Formel

$$\frac{\text{Personalkosten für Geschäftsleitung}}{\text{Personalaufwand}} \times 100\%$$

Rechenbeispiel

$$\frac{124 \text{ Mio. €}}{2.453 \text{ Mio. €}} \times 100\% = \mathbf{5{,}1\%}$$

Erläuterung

Der Vergütungsfaktor für die Geschäftsleitung zeigt den prozentualen Anteil der Personalkosten, welchen ausschließlich die Geschäftsleitung/Vorstand für sich beansprucht (ohne zweite Führungsebene).

Dabei differieren die Kosten je nach Branche und Land sehr stark. Eine Offenlegung der Gehälter für die Geschäftsleitung wird in mehreren Ländern diskutiert. In Deutschland wird dies z.B. durch den Corporate Governance Kodex für börsennotierte Gesellschaften gefordert.

Vorteile	Nachteile
• Zeigt den prozentualen Anteil der gesamten Personalkosten, den die Geschäftsleitung beansprucht • Gibt Hinweise für Budgetplanung • Lässt Branchenvergleich zu im Hinblick auf die Vergütung von Top-Managern	• Nur beschränkt vergleichbar, da nicht alle Firmen vergleichbare Führungsstrukturen besitzen • International nur eingeschränkt vergleichbar

4.10 Durchschnittliche Personalkosten pro Arbeitsstunde

Formel

$$\frac{\text{Durchschnittliches Gehalt pro Mitarbeiter}}{\text{Jahressollarbeitszeit pro Mitarbeiter}}$$

Rechenbeispiel

$$\frac{53.326\ €}{1.759\ \text{Stunden}} = \mathbf{30{,}3\ €\ /\ Stunde}$$

Erläuterung

Die Kennzahl »Durchschnittliche Personalkosten pro Arbeitsstunde« kann auf verschiedenen Wegen ermittelt werden. Einfach und praktikabel ist es, das durchschnittliche Gehalt pro Mitarbeiter durch die Jahressollarbeitszeit zu teilen. In diesem Beispiel mit 1.759 Stunden (= Soll-Stunden dividiert durch die Summe der Vollzeitäquivalente) pro Jahr angenommen.

Sofern verfügbar, könnten auch die Soll-Arbeitsstunden mit den Soll-Lohnkosten verglichen werden, was zu etwas genaueren Ergebnissen führt.
Diese Kennzahl dient auch als Ausgangslage für weitere Berechnungen, wie z.B. für die Ermittlung von Abwesenheitskosten oder Kosten für Überstunden.

Vorteile	Nachteile
• Ausgangslage für weitere Berechnungen und Analysen • Einfach zu ermitteln • Kann auch im Ländervergleich Hinweise über das Gehaltsniveau geben	• Nur generelle Kennzahl, da alle Personalgruppen durchmischt sind • Für verbesserte Aussagekraft müssten Untergruppen ermittelt werden

4.11 Durchschnittliche Kosten pro Freelancer und Tag

Formel

$$\frac{\text{Gesamtkosten für Freelancer}}{\text{Anzahl Freelancer} \times \text{Anzahl der Tage}}$$

Rechenbeispiel

$$\frac{21{,}6 \text{ Mio. €}}{20.750 \text{ Mio}} = \mathbf{1.041\ €}$$

Erläutung

Zur Ermittlung der Kennzahl müssen die Daten aus dem Finanzsystem ermittelt werden. Zudem ist es nicht immer einfach, die Anzahl der Tage zu ermitteln, da diese nirgends erfasst werden oder aber Leistungen zu Pauschalpreisen vereinbart werden.

Die Kennzahl berücksichtigt nur die variablen Kosten für die freien Mitarbeiter, nicht aber die Infrastrukturkosten (z.B. Arbeitsplatz vor Ort) der Firma. Die »Freelancer« (freie Mitarbeiter) sind in der Anzahl der Mitarbeiter nicht enthalten. In einem nächsten Schritt könnten die Kosten für Freelancer den Kosten der festangestellten Mitarbeitern gegenübergestellt werden.

Die Kennzahl kann auch für Zeitmitarbeiter ermittelt werden (temporäre Mitarbeiter).

Vorteile	**Nachteile**
• Kosten für interne und externe Mitarbeiter können verglichen werden • Andere Anstellungsverhältnisse können geprüft werden • Bedarf an zusätzlichen Stellen kann abgeleitet werden	• Aufwändige Erstellung, muss teilweise geschätzt werden • Kennzahl sagt nichts über die Qualität der Freelancer aus

4.12 Innerbetrieblicher Lohnfaktor

Formel

$$\frac{\text{Höchstes Gehalt im Unternehmen}}{\text{Niedrigstes Gehalt im Unternehmen}}$$

Rechenbeispiel

Um die derzeitige Diskussion um die Höhe der Vorstandsgehälter nicht noch zusätzlich zu belasten, haben wir auf ein Beispiel verzichtet.

Erläutung

Diese Kennzahl wird derzeit eingehend diskutiert. Während in den USA Verhältniszahlen von 600:1 als teilweise üblich betrachtet werden, d.h. ein Geschäftsleitungsmitglied verdient 600 Mal mehr als die Person mit dem niedrigsten Gehalt, so findet sich in Europa noch keine vernünftige Verhältniszahl. In kleineren Unternehmen dürfte die Kennzahl in der Regel bei einem Faktor vier bis zehn liegen.
Die Verhältniszahl unterliegt starken kulturellen Einflüssen und wird von persönlichen Werthaltungen und Ansichten geprägt. Eine richtige Kennzahl gibt es daher nicht.

Vorteile	Nachteile
• Gibt Hinweise über die innerbetriebliche Gehaltsstruktur • Kann auch aus öffentlichen Quellen relativ einfach angenähert werden	• Politische Kennzahl • Branchenspezifischen Unterschieden unterworfen

Kapitel 5

Versicherungen und betriebliche Vorsorge

5.1 Krankenquote

Formel

$$\frac{\text{Anzahl kranker Mitarbeiter pro Zeiteinheit}}{\text{Anzahl der Mitarbeiter}} \times 100\%$$

Rechenbeispiel

$$\frac{611}{52.100} \times 100\% = \mathbf{1{,}2\%}$$

Erläuterung

Die Krankenquote wird ermittelt, in dem alle krank gemeldeten Personen innerhalb eines bestimmten Zeitraums der Gesamtzahl der Mitarbeiter gegenübergestellt werden. Auswertungen sind täglich, wöchentlich oder monatlich möglich und im Zeitverlauf eine aussagekräftige Kennzahl.

Die Kennzahl kann von Gesundheitsstörungen (z.B. Grippewellen), jedoch auch vom Verhalten der Mitarbeiter (»blauer« Montag oder Freitag) beeinflusst werden. Ist die Krankenquote überdurchschnittlich hoch, sollten hierfür die Gründe näher untersucht werden (z.B. mögliche Unzufriedenheit der Mitarbeiter, ungenügendes Commitment zum Unternehmen, Gleichgültigkeit). Die Kennzahl macht allerdings keine Aussage über die Dauer der Abwesenheit als Folge der Krankheit.

Vorteile	**Nachteile**
• Einfach zu analysieren • Gibt Hinweise über den Prozentsatz der Abwesenden • Kann mit anderen Kennzahlen verbunden werden, z.B. Unfallhäufigkeit	• Muss aus dem Zeiterfassungssystem ermittelt werden • In gewissen Firmen nicht ermittelbar, da keine Daten zur Verfügung stehen • Branchenabhängig

5.2 Unfallquote

Formel

$$\frac{\text{Anzahl verunfallter Mitarbeiter pro Zeiteinheit}}{\text{Anzahl der Mitarbeiter}} \times 100\%$$

Rechenbeispiel

$$\frac{217}{52.100} \times 100\% = \mathbf{0{,}42\%}$$

Erläuterung

Die Unfallquote stellt die Anzahl der Personen mit Unfällen (betriebliche, nichtbetriebliche) ins Verhältnis zur Gesamtzahl der Mitarbeiter. Auswertungen sind monatlich und im Zeitverlauf sinnvoll. Die Kennzahl kann beeinflusst werden von der Risikobereitschaft der Mitarbeiter (z.B. junge Mitarbeiter, Extremsportler) oder aber dem Risikoprofil des Arbeitsplatzes (z.B. Büroarbeit versus Bergbau). Die Kennzahl macht keine Aussage über die Dauer der Abwesenheit als Folge des Unfalls.

Vorteile	**Nachteile**
• Einfach zu analysieren • Gibt Hinweise über den Prozentsatz der Abwesenden • Kann für Präventionsmaßnahmen weiter analysiert werden	• Teilweise nicht verfügbar, da keine Daten erfasst werden • Sagt nichts aus über die Verteilung von Betriebs- oder privaten Unfällen

5.3 Ausfallzeitkosten pro Vollzeitäquivalent und Tag

Formel

$$\frac{\begin{array}{c}(\text{Anzahl kranker Mitarbeiter} \times \text{Dauer der Krankheit}) \\ + (\text{Anzahl verunfallter Mitarbeiter} \times \text{Dauer des Unfalls}) \\ \times \text{Durchschnittliches Gehalt pro Tag}\end{array}}{\text{Summe Vollzeitäquivalente}}$$

Rechenbeispiel

$$\frac{(611 \times 6{,}8 + 217 \times 16) \times 242{,}4\ €}{46.000} = \mathbf{40{,}1\ €}$$

Erläuterung

Die Kennzahl »Ausfallzeitkosten pro Vollzeitäquivalent« zeigt die ungefähren Kosten pro Mitarbeiter, die dem Unternehmen durch Unfälle und Krankheiten entstehen (im oberen Rechenbeispiel 40,1 €). Die Kennzahl kann für Vergleiche mit anderen Unternehmen oder weiterführende Analysen verwendet werden. Oft dient die Kennzahl als Ausgangspunkt für die Einleitung präventiver Maßnahmen.

Vorteile	Nachteile
• Relativ einfach zu ermitteln • Als Richtgröße durchaus im Branchenvergleich aussagekräftig • Ist die Ausgangslage für weitere Analysen, z.B. Ausfallzeitenreduktion	• Ungenau, da nur Durchschnittsgehälter in die Berechnung einfließen • Die Kosten für die Versicherungen sind nicht enthalten

5.4 Quote der Burnout-Fälle pro Jahr

Formel

$$\frac{\text{Anzahl der Burnout-Fälle}}{\text{Anzahl der Mitarbeiter}} \times 100\%$$

Rechenbeispiel

$$\frac{24}{52.100} \times 100\% = \mathbf{0{,}05\ \%}$$

Erläuterung

Die Burnout-Quote hat in den vergangenen Jahren zunehmend an Bedeutung gewonnen, da sie den Prozentsatz aller Mitarbeiter berechnet, die unter diesem Symptom leiden. Burnout kann verschiedene Gründe haben, endet jedoch meist mit einer mehrmonatigen Abwesenheit vom Arbeitsplatz. Entscheidend ist daher für das Unternehmen, die Anzahl der Fälle zu kennen, um die Gründe zu analysieren und rechtzeitig Gegenmaßnahmen einleiten zu können.

Es gibt derzeit noch keine verlässlichen Kennzahlen wie viel Burnout effektiv kostet. Die direkten Kosten (z.B. Ärzte, Gehaltsfortzahlung) dürften jedoch zwischen ein und zwei Jahresgehältern liegen.

Vorteile	Nachteile
• Eine hohe Quote zeigt eine übermäßige Belastung für die Belegschaft • Stärkt das Bewusstsein für das Phänomen Burnout • Kann für Kostenanalysen als Basis verwendet werden	• Oft tabuisiert • Quote sagt noch nichts über die entstehenden Kosten aus

5.5 Ordentliche Pensionierungen pro Jahr in Prozent

Formel

$$\frac{\text{Anzahl ordentlicher Pensionierungen}}{\text{Anzahl der Pensionierungen}} \times 100\%$$

Rechenbeispiel

$$\frac{1.064}{1.322} \times 100\% = \mathbf{80{,}5\%}$$

Erläuterung

Mit ordentlichen Pensionierungen werden alle Pensionierungen, die mit Erreichen der innerbetrieblich festgelegten Altersgrenze vollzogen werden, definiert. Dieser Prozentsatz ist stark abhängig von der Altersstruktur der Firma und der wirtschaftlichen Situation des Unternehmens. Es gibt Wirtschaftszweige, in denen viele Arbeitnehmer das ordentliche Pensionierungsalter gar nicht mehr erreichen.

Volkswirtschaftlich und als zusätzliche Kosten für die arbeitende Bevölkerung ist dies ein belastender und kostenintensiver Prozess.

Vorteile	**Nachteile**
• Gibt Hinweise auf die Altersstruktur • Gibt Hinweise auf die Unternehmenskultur, wie mit älteren Mitarbeitern umgegangen wird	• Kann durch personal- und wirtschaftspolitische Maßnahmen verfälscht sein (z.B. Personalabbau, Restrukturierungen)

5.6 Frühzeitige Pensionierungen pro Jahr in Prozent

Formel

$$\frac{\text{Anzahl frühzeitiger Pensionierungen}}{\text{Anzahl der Pensionierungen}} \times 100\%$$

Rechenbeispiel

$$\frac{204}{1.322} \times 100\% = \mathbf{15{,}4\%}$$

Erläuterung

Unter frühzeitige Pensionierungen fallen alle Pensionierungen, die vor dem Erreichen der innerbetrieblich festgelegten Altersgrenze vollzogen werden. Dieser Prozentsatz ist stark abhängig von der Altersstruktur der Firma. Die Gründe für Frühpensionierungen können vielfältig sein. Hierzu zählen u.a. persönliche Gründe des Mitarbeiters, Verschleiß oder betriebsbedingter Personalabbau. Je nach Plan (Frühpensionierungen aus Reorganisationsgründen) können zusätzliche Kosten für das Unternehmen anfallen, die möglicherweise auch von den aktiv Versicherten mitgetragen werden müssen.

Vorteile	Nachteile
• Gibt Hinweise auf die Altersstruktur • Gibt Hinweise darauf, wie mit älteren Mitarbeitern umgegangen wird	• Kann durch personal- und wirtschaftspolitische Maßnahmen verfälscht sein (z.B. Personalabbau, Restrukturierungen)

5.7 Pensionierungen aus gesundheitlichen Gründen pro Jahr in Prozent

Formel

$$\frac{\text{Anzahl der Pensionierungen aus gesundheitlichen Gründen}}{\text{Anzahl der Pensionierungen}} \times 100\%$$

Rechenbeispiel

$$\frac{54}{1.322} \times 100\% = \mathbf{4{,}1\%}$$

Erläutung

Mit Pensionierungen aus gesundheitlichen Gründen werden alle Pensionierungen definiert, die durch ärztliches Attest festgelegt werden und zum Ausscheiden aus dem Erwerbsleben führen. Hohe Prozentzahlen sollten eingehend untersucht werden. Einerseits führt dies zu Mehrkosten für die Versicherten sowie für das Unternehmen, andererseits kann die Kennzahl Hinweise auf besonders gesundheitlich belastende Arbeitsplätze geben.

Vorteile	**Nachteile**
• Gibt Hinweise, ob im innerbetrieblichen Vergleich »Überbelastungen« vorkommen • Kann für Präventionsmaßnahmen weiterverfolgt werden • Ausgangslage für vertiefte, weitere Analysen	• Kann durch personal- und wirtschaftspolitische Maßnahmen verfälscht sein (z.B. Personalabbau, Restrukturierungen)

Kapitel 6

Betreuung und Administration

6.1 Unterjährige Abwesenheitsstruktur

Formel

$$\frac{\text{Anzahl der Abwesenden nach Ursachen}}{\text{Anzahl der Mitarbeiter}} \times 100\%$$

Rechenbeispiel

$$\frac{1.980^*}{52.100} = \mathbf{3.8\%}$$

* Beispiel mit Mitarbeitern in Aus- oder Weiterbildung

Erläuterung

Im jährlichen Zeitverlauf ergeben sich für das Unternehmen unterschiedliche Einflüsse, warum Arbeitsplätze scheinbar verwaist sind. Ursachen können z.B. Krankheiten, Unfälle, Urlaubszeiten, Aus- und Weiterbildungen, Dienstreisen oder Pensionierungen sein.

Für die Produktionsplanung und die Ermittlung der benötigten HR-Ressourcen können diese Kennzahlen sehr wichtig sein. Sie sind die Ausgangslage für die rechtzeitige Bereitstellung von Human Ressourcen. Gegebenenfalls können, müssten Urlaubsstops für bestimmte Bereiche verhängt werden.

Vorteile	**Nachteile**
• Übersicht über Abwesenheitsstruktur nach Personen	• Aufwändig in der Erstellung (Abgrenzungsproblematik)
• Kann als Planungsgrundlage für den Soll-Mitarbeiterbestand verwendet werden	• Oft echtzeit- oder vergangenheitsorientiert und daher nicht für die mittelfristige Planung geeignet

6.2 Durchschnittliche Anzahl der Überstunden

Formel

$$\frac{\text{Summe aller IST-Arbeitsstunden} - \text{Summe aller SOLL-Arbeitsstunden}}{\text{Summe Vollzeitäquivalente}}$$

Rechenbeispiel

$$\frac{93{,}1 \text{ Mio. Stunden} - 80{,}9 \text{ Mio. Stunden}}{46.000} = \textbf{265 Stunden}$$

Erläuterung

Diese Kennzahl zeigt die angefallenen Überstunden an. Einerseits sind Analysen in Bezug auf die Einhaltung des vereinbarten Arbeitsvertrags möglich, andererseits Analysen in Bezug auf Bereiche, in denen besonders häufig Überstunden anfallen.

Vorteile	Nachteile
• Kann Hinweise auf zeitliche Engpässe geben • Grundsätzlich wichtige Planungskennzahl • Dient als Ausgangslage für weitere Szenarien (z.B. Planung der benötigten Personalkapazitäten) • Kennzahl gibt Hinweise auf zusätzlichen Personalbedarf	• Je nach Umfeld nicht sehr einfach zu erheben (Arbeitszeitmodell) • Nicht alle Unternehmen verfügen über die Systeme, diese Kennzahl ermitteln zu können

6.3 Durchschnittlicher Rest-Jahresurlaub

Formel

$$\frac{\text{Summe der Resturlaubstage}}{\text{Anzahl der Mitarbeiter}}$$

Rechenbeispiel

$$\frac{\text{552.000 Tage}}{\text{52.100}} = \textbf{10,6 Tage}$$

Erläuterung

Die Kennzahl sagt aus, wie hoch der jährliche Resturlaub der Belegschaft im Durchschnitt der Belegschaft ist. Resturlaub kann aus Rechtsgründen nicht ersatzlos »gestrichen« werden und von daher besteht eine Verpflichtung des Unternehmens, diese Kennzahl zu pflegen.

Diese Kennzahl kann monatlich, quartalsmäßig, halbjährlich oder einmal pro Jahr ermittelt werden. In der Praxis zeigt sich, dass bereichsweise unterschiedlich mit Rest-Jahresurlaub umgegangen wird.

Vorteile	Nachteile
• Planungsgrundlage für Zukunft • Unterstützt die Ressourcenplanung	• In der Regel von äußeren Umstanden wie Schulferien zusätzlich beeinflusst

6.4 Kündigungsquote

Überschrift

$$\frac{\text{Anzahl der Kündigungen (Abgänge)}}{\text{Anzahl der Mitarbeiter}} \times 100\%$$

Rechenbeispiel

$$\frac{3.600}{52.100} \times 100\% = \mathbf{6{,}9\%}$$

Erläuterung

Die Kündigungsquote ermittelt den Anteil unerwünschter und betrieblicher Kündigungen im Verhältnis zur Gesamtzahl der Mitarbeiter. Die Kennzahl ist ein Indikator für das Betriebsklima sowie die Fähigkeit des Unternehmens, das Personal zu halten. Die Kennzahl ist nicht identisch zur Fluktuation, da alle Abgänge über einen Zeitraum ins Verhältnis zur durchschnittlichen Mitarbeiteranzahl gesetzt werden. Unterjährige Zugänge werden nicht berücksichtigt.

Vorteile	**Nachteile**
• Ermittelt das Verhältnis der Abgänge zur Gesamtbelegschaft • Kann je nach Branche auch branchenübergreifend verglichen werden • Gibt Hinweise auf zusätzliche HR-Aufwendungen	• Einfach zu ermitteln • Manchmal wird die Kennzahl ohne betriebliche Kündigungen definiert, daher eingeschränkte Vergleichbarkeit

6.5 Kündigungsquote der in den letzten fünf Jahren eingestellten Mitarbeiter

Formel

$$\frac{\text{Anzahl der Kündigungen der in den letzten fünf Jahren eingestellten Mitarbeiter}}{\text{Anzahl der Kündigungen (Abgänge)}} \times 100\%$$

Rechenbeispiel

$$\frac{3.100}{3.600} \times 100\% = \mathbf{86{,}1\%}$$

Erläuterung

Diese Kennzahl ist ein Indikator für das Betriebsklima bzw. die Fähigkeit des Betriebs, Personal zu halten. Mitarbeiter mit einem mittleren Dienstalter bzw. einer gewissen Betriebszugehörigkeit, z.B. von drei bis zehn Jahren, gelten innerbetrieblich als die künftigen Wissens- und Erfahrungsträger.

Mitarbeiter benötigen eine gewisse Zeit, um den Betrieb kennen zu lernen und ihre volle Leistungsfähigkeit entfalten zu können. In komplexeren Organisationen kann dieser Zeitraum zwei bis drei Jahre beanspruchen. Insofern ist der Verlust von Mitarbeitern mit einigen Jahren Betriebszugehörigkeit auch mit einem großen Wissensverlust für das Unternehmen verbunden. Daher sollte die Kennzahl genau überwacht werden, um frühzeitig Gegensteuerungsmaßnahmen zu ergreifen.

Vorteile	**Nachteile**
• Einfach zu ermitteln • Gibt Hinweise auf die Attraktivität, im Unternehmen zu verbleiben • Gibt Hinweise auf die Qualität der Integrationsmaßnahmen	• Kann von Branche zu Branche unterschiedlich sein • Für stark wachsende Firmen von beschränkter Aussagekraft, da sie in der Regel eine zeitlich eingeschränkte Betriebszugehörigkeit (Dienstalter) haben

6.6 Mitarbeiter-Engagement-Index

Formel

$$\frac{\text{Commitment Index des eigenen Unternehmens}}{\text{Commitment Index vergleichbarer Firmen}}$$

Rechenbeispiel

$$\frac{80}{112} = \mathbf{0{,}71}$$

Erläuterung

Commitment ist im allgemeinen definiert als die Bereitschaft der Mitarbeiter, sich vorbehaltlos für das Unternehmen einzusetzen. Es existiert derzeit kein allgemein anerkannter Commitment Index im europäischen Raum. Jedoch gibt es Anbieter, die das Commitment der Mitarbeiter messen und mit ähnlichen Firmen vergleichbar machen können. I.d.R. fließen in die Berechnung des Commitments Faktoren wie z.B. Verbindung zum Unternehmen, Führungsqualität, Rollen und Funktionsklarheit oder die Qualität der internen Kommunikation mit ein.

Vorteile	Nachteile
• Strategisch relevante Größe • Kann als Ausgangslage für Weiterentwicklungsmaßnahmen des Unternehmens angesehen werden • Sehr gute Möglichkeit, um die Qualität der Mitarbeiterbeziehungen analysieren zu können	• Eher wenige Firmen interessieren sich für dieses Thema, das in seinen Auswirkungen auf das Image des Unternehmens unterschätzt wird • Derzeit wird eher die Zufriedenheit der Belegschaft erfragt, was der Autor nur beschränkt als relevante Größe einstuft

6.7 Nutzungsgrad betrieblicher Sozialeinrichtungen

Formel

$$\frac{\text{Anzahl Besuche der Sozialeinrichtung}}{\text{Anzahl der Mitarbeiter}} \times 100\%$$

Rechenbeispiel

$$\frac{3.420}{52.100} \times 100\% = \mathbf{6{,}5\%}$$

Erläuterung

Diese Kennzahl sagt aus, ob eine bestimmte freiwillig zur Verfügung gestellte Sozialeinrichtung, wie z.B. Sozialberatung für die Mitarbeiter – insbesondere im Vergleich zur vorhergehenden betrachteten Periode – an Attraktivität verloren oder gewonnen hat. Hat sich die Quote verschlechtert, so sollten die Gründe analysiert werden, um ggf. Optimierungen an der Sozialeinrichtung vorzunehmen bzw. das Angebot einzustellen.

Die Kennzahl kann auch Ausgangslage für den Vergleich der intern und extern erbrachten Dienstleistungen sein.

Vorteile	**Nachteile**
• Einfach zu erstellen • Kann als Ausgangspunkt für weitere Auswertungen dienen (z.B. Kostenanalysen)	• Kennzahl gibt keinen Hinweis auf die Gründe der Veränderung • Kosten für die Sozialeinrichtungen werden nicht berücksichtigt • Mehrfachbesuche einzelner Personen werden nicht aufgedeckt

6.8 Überstundenkosten pro Mitarbeiter

Formel

$$\frac{\text{Anzahl der Überstunden} \times \text{Durchschnittliche Kosten pro Arbeitsstunde}}{\text{Anzahl der Mitarbeiter}}$$

Rechenbeispiel

$$\frac{12.2 \text{ Mio.} \times 30{,}3\ €}{52.100} = \mathbf{7.095\ €}^{*}$$

* Da die gesetzlichen Zuschläge von Land zu Land unterschiedlich sind, werden diese in der Kennzahl nicht ermittelt und miteingerechnet.

Erläuterung

Diese Kennzahl sagt aus, wie hoch der finanzielle Wert der bereits geleisteten Überstunden im betrieblichen Durchschnitt ist. Eine hohe Überstundenquote verursacht erhebliche Kosten.

Die Kennzahl kann auch für die Vollzeitäquivalente ermittelt werden. Wenn das Unternehmen die durchschnittlichen Personalkosten pro Stunde kennt, kann diese Zahl relativ einfach berechnet werden. Präziser ist die Kennzahl, wenn sie für einzelne Bereiche bzw. Hierarchiestufen ermittelt wird.

Vorteile	Nachteile
• Wichtige Kennzahl für die Bildung von Rückstellungen • Sollte regelmäßig überwacht werden (Kostenfolgen, Rückstellungen) • Guter Indikator, der in Vergleich zum Geschäftsverlauf gesetzt werden kann	• Kann nicht überall ermittelt werden (fehlende Systeme)

6.9 Kosten für Resturlaub pro Mitarbeiter

Formel

Durchschnittliche Resturlaubstage
× Durchschnittlicher Stundensatz
× Tagesarbeitszeit

Rechenbeispiel

10,6 × 30,3 × 8,0 = **2.569***

* Da die gesetzlichen Zuschläge für nicht bezogene Urlaubsguthaben von Land zu Land unterschiedlich sind, werden diese in der Kennzahl nicht ermittelt und miteingerechnet.

Erläuterung

Der Resturlaub der Mitarbeiter und die daraus resultierenden Kosten sollten aus verschiedenen Gründen regelmäßig überwacht werden. Einerseits besteht in vielen Ländern eine gesetzliche Pflicht, den Urlaub innerhalb bestimmter Fristen zu beziehen. Andererseits gibt es immer wieder Mitarbeiter, die keinen Urlaub nehmen und dadurch erhebliche Urlaubssaldi anhäufen. In den meisten Ländern darf Urlaub nicht mit Geld abgegolten werden. Letztlich besteht für das Unternehmen auch ein gewisses finanzielles Risiko bei Austritten oder anderen Ereignissen wie Firmenverkäufen, da spätestens dann die finanziellen Verpflichtungen in Geldwerten vergütet werden müssen.

Vorteile	Nachteile
• Kann relativ einfach überwacht werden • Sollte monatlich erhoben und berichtet werden • Kann finanzielle Risiken minimieren	• Diese Berechnungsart ist nicht sehr genau, da der Durchschnittsstundensatz verwendet wird (könnte differenzierter ermittelt werden für Subgruppen und Bereiche)

6.10 Mobbingquote

Formel

$$\frac{\text{Anzahl der Mobbingfälle}}{\text{Anzahl der Mitarbeiter}} \times 100\%$$

Rechenbeispiel

$$\frac{121}{52.100} \times 100\% = \mathbf{0{,}2\%}$$

Erläuterung

Leymann definiert den Begriff Mobbing wie folgt: »Negative kommunikative Handlungen, die gegen eine Person gerichtet sind (von einer oder mehreren anderen) und die sehr oft und über einen längeren Zeitraum hinaus vorkommen und damit die Beziehung zwischen Täter und Opfer kennzeichnen. Mobbing ist dann gegeben, wenn eine oder mehrere von 45 genau beschriebenen Handlungen über ein halbes Jahr oder länger mindestens einmal pro Woche vorkommen«.

Eine erhöhte Mobbingquote lässt auf Schwächen in der Führung, der Unternehmenskultur und fehlende Leistungsorientierung des Unternehmens schließen. Der Leistungsausfall des Unternehmens bleibt jedoch unklar.

Vorteile	Nachteile
• Wenn die Fälle bekannt sind, relativ einfach zu erstellen • Einfacher Indikator • Ausgangslage für weitere Analysen, wie z.B. Kosten, Aufwände	• Tabu, daher sind die tatsächlichen Fälle kaum vollständig bekannt • Keine Aussage über entstehende Kosten • Sagt nichts über die Hintergründe des Mobbings aus

Kapitel 7

Unternehmensentwicklung

7.1 Anteil geschulter Mitarbeiter pro Jahr

Formel

$$\frac{\text{Anzahl der Mitarbeiter, die Aus- oder Weiterbildung absolvieren}}{\text{Anzahl der Mitarbeiter}} \times 100\%$$

Rechenbeispiel

$$\frac{1.980}{52.100} \times 100\% = \mathbf{3{,}8\%}$$

Erläuterung

Diese Kennzahl ermittelt, wie viel Prozent der Mitarbeiter jährlich eine Aus- und Weiterbildung absolvieren und ist Ausgangspunkt für vertiefende Analysen, z.B. in welchen Bereichen diese stattfindet. Die Weiterentwicklung der innerbetrieblich benötigten Kenntnisse und Fähigkeiten spielt insbesondere für innovative Firmen eine zentrale Rolle, so dass sich das Unternehmen schnell an verändernde Marktbedingungen anpassen kann. Zum Teil unterliegen die Unternehmen auch gesetzlichen Vorgaben, die von ihnen eine regelmäßige Deklaration der Fähigkeiten verlangen.

Vorteile	**Nachteile**
• Einfach zu ermitteln • Wichtige Grundkennzahl, da vermutlich über einen längeren Zeitraum relativ stabil • Ausgangspunkt für weiterführende Auswertungen	• Alleine wenig aussagekräftig • Branchenabhängig • Die Anzahl der laufenden Ausbildungen hat nur beschränkten Einfluss auf das Firmenergebnis • Qualität der Aus- und Weiterbildung wird nicht ermittelt

7.2 Schulungsvergütungsanteil

Formel

$$\frac{\text{Kosten für Aus- und Weiterbildung}}{\text{Personalaufwand}} \times 100\%$$

Rechenbeispiel

$$\frac{60{,}3 \text{ Mio. €}}{2.453 \text{ Mio. €}} \times 100\% = \mathbf{2{,}5\%}$$

Erläuterung

Die Kennzahl Schulungsvergütungsanteil (»Training Compensation Percentage«) ist wichtig, um Analysen durchzuführen, ob die Aus- und Weiterbildungskosten in einem gesunden Verhältnis zu den Personalkosten stehen. Zu den Aus- und Weiterbildungskosten zählen i.d.R. auch die Kosten für interne Ausbildungsmaßnahmen sowie für Auszubildende und Trainees.
Falls ein Unternehmen über sehr qualifizierte Mitarbeiter verfügt, muss eher mit einer niedrigen Prozentzahl gerechnet werden, da i.d.R. gleichzeitig auch höhere Lohnkosten bestehen. Umgekehrt verursachen schlechter qualifizierte Mitarbeiter geringere Personalkosten zu erhöhten Aus- und Weiterbildungskosten. Im Branchenvergleich lassen sich dadurch erkenntnisreiche Quervergleiche erstellen, über welches Leistungspotential eine Organisation verfügt.

Vorteile	**Nachteile**
• Ausgangslage für weitere vertiefte Analysen, z.B. in welchen Bereichen wird zu wenig oder zuviel in die Aus- und Weiterbildung investiert • Indikator, ob Aus- und Weiterbildung hohen Stellenwert im Unternehmen genießt	• Schwierig zu ermitteln, da die Angaben nicht in allen Unternehmen einheitlich erfasst werden • Branchenabhängig

7.3 Anzahl Aus- und Weiterbildungstage pro Vollzeitäquivalent und Jahr

Formel

$$\frac{\text{Summe der Weiterbildungstage aller Mitarbeiter}}{\text{Summe Vollzeitäquivalente}}$$

Rechenbeispiel

$$\frac{9.034 \text{ Tage} + 7.994 \text{ Tage}}{46.000} = \mathbf{0{,}4\ Tage}$$

Erläuterung

Die Anzahl der Aus- und Weiterbildungstage ist die Ausgangslage für weitere Analysen. Auszubildende, Trainees oder Stages sind nicht Teil dieser Gruppe. Die Kennzahl repräsentiert die innerbetrieblichen und außerbetrieblichen effektiven Trainingstage. MBA's sind genauso enthalten wie innerbetriebliche Workshops zur Qualitätssteigerung.

Vorteile	Nachteile
• Relativ einfach zu ermitteln • Kann im Branchenvergleich interessante Angaben liefern, z.B. Häufigkeit im Vergleich zu Mitbewerbern	• Relativ ungenaue Größe • Definition des Begriffs Aus- und Weiterbildung wird nicht einheitlich angewendet • Keine qualitative Betrachtung

7.4 Schulungsinvestitionsfaktor pro Vollzeitäquivalent

Formel

$$\frac{\text{Gesamtkosten für Ausbildungsmaßnahmen (exkl. Trainees)}}{\text{Summe Vollzeitäquivalente}}$$

Rechenbeispiel

$$\frac{11{,}9 \text{ Mio. €}}{46.000} = \mathbf{259\ €}$$

Erläuterung

Diese Kennzahl gibt einen Hinweis darauf, wie viel in die Ausbildung pro Vollzeitäquivalent investiert wird. Die Kennzahl beinhaltet alle internen und externen Kosten für Aus- und Weiterbildung, jedoch keine Aufwendungen für Lehrlinge, Azubis, Trainees oder Praktikanten. Bei den externen Kosten können die direkten Kosten ermittelt werden. Bei den internen Kosten müssten die anteiligen Personalkosten und die Infrastrukturkosten der Aus- und Weiterbildungsbeauftragten zur Berechnung der Kennzahl ermittelt werden.

Vorteile	**Nachteile**
• Gibt einen ersten Hinweis auf die Höhe der Schulungskosten • Kann für weitere Auswertungen und Vergleiche, z.B. Auswertungen nach organisatorischen Gesichtpunkten verwendet werden • Kann zur Budgetierung als Richtgröße verwendet werden	• Anspruchsvoll in der Ermittlung (insbesondere interne Kosten) • Branchenspezifisch

7.5 Schulungsinvestitionsfaktor inkl. Trainees

Formel

$$\frac{\text{Gesamtkosten für Ausbildungsmaßnahmen}}{\text{Summe Vollzeitäquivalente}}$$

Rechenbeispiel

$$\frac{60{,}3\ \text{Mio. €}}{46.000} = \mathbf{1.311\ €}$$

Erläuterung

Diese Kennzahl gibt einen Hinweis darauf, wie viel in die Aus- und Weiterbildung pro Vollzeitäquivalent investiert wird. Im Gegensatz zur vorherigen Kennzahl werden neben den internen und externen Kosten für Aus- und Weiterbildung auch die Aufwendungen für Lehrlinge, Azubis, Trainees und Praktikanten miteinbezogen. In der Regel erhöhen sich die Ausbildungsinvestitionen dadurch.

Bei den externen Kosten können die direkten Kosten ermittelt werden. Bei den internen Kosten müssten die Personalkosten und die Infrastrukturkosten der Aus- und Weiterbildungsbeauftragten ermittelt werden.
Bei den internen Kosten müssten die anteiligen Personalkosten und die Infrastrukturkosten der Aus- und Weiterbildungsbeauftragten zur Berechnung der Kennzahl ermittelt werden.

Vorteile	Nachteile
• Gibt Überblick über die anfallenden Gesamtkosten im Aus- und Weiterbildungsbereich • Kann für Branchenvergleiche verwendet werden • Kann als Grundlage zur Budgetierung verwendet werden	• Muss teilweise geschätzt werden und kann daher leicht verzerrt sein • Die Kennzahl sagt nichts über Qualität der Weiterbildungsmaßnahmen

7.6 Kosten pro internem Trainingstag

Formel

$$\frac{\text{Gesamtkosten für interne Aus- und Weiterbildung}}{\text{Anzahl intern durchgeführter Ausbildungstage}}$$

Rechenbeispiel

$$\frac{25{,}1 \text{ Mio. €}}{9.034} = \mathbf{2.778\ €}$$

Erläuterung

Die Kennzahl Kosten pro internem Trainingstag stellt die Gesamtkosten für externe Aus- und Weiterbildung der Anzahl an intern durchgeführten Ausbildungstage gegenüber, woraus eine Durchschnittskennzahl ermittelt wird. Zu den Aufwendungen für interne Ausbildungsmaßnahmen zählen u.a. Personalkosten, Infrastrukturkosten oder Kosten für Lehrmittel. Die Kosten für Abwesenheit vom Arbeitsplatz werden i.d.R. nicht eingerechnet.
Intern bedeutet, dass die Kurse von internen, vom Unternehmen angestellten Trainern durchgeführt werden.

Vorteile	Nachteile
• Ermöglicht Vergleich zwischen internen und externen Kosten • Grundlage für »Make or Buy«-Entscheidung	• Wird selten erhoben • Sagt nichts über die Qualität der Ausbildung und der Trainer aus

7.7 Kosten pro extern durchgeführtem Trainingstag

Formel

$$\frac{\text{Gesamtkosten für externe Aus- und Weiterbildung}}{\text{Anzahl extern durchgeführter Ausbildungstage}}$$

Rechenbeispiel

$$\frac{4{,}0 \text{ Mio. €}}{7.994} = \mathbf{500\ €}$$

Erläuterung

Die Kennzahl Kosten pro externem Trainingstag stellt die Gesamtkosten für interne Aus- und Weiterbildung der Anzahl an extern durchgeführten Ausbildungstagen gegenüber, wodurch eine Durchschnittskennzahl ermittelt wird. Zu den Aufwendungen für externe Ausbildungsmaßnahmen zählen u.a. Infrastrukturkosten, Kursgebühren oder Kosten für Lehrmittel. Die Kosten für Abwesenheit vom Arbeitsplatz der Mitarbeiter werden i.d.R. nicht eingerechnet.
Extern bedeutet, dass die Kurse von Trainern durchgeführt werden, die nicht im Unternehmen angestellt sind.

Vorteile	Nachteile
• Ermöglicht Vergleich extern zu intern • Grundlage für »Make or Buy«-Entscheidung	• Sagt nichts über die Qualität der Ausbildungsmaßnahmen aus

Glossar

Abgang	Alle Mitarbeiter, die das Unternehmen verlassen (Austritte)
Abwesenheit	Alle Möglichkeiten, welche Abwesenheit des Mitarbeiters am Arbeitsplatz abdecken (z.B. Krankheit, Unfall, Aus- und Weiterbildung, Dienstreisen)
Blindbewerbung	Spontanbewerbung – Bewerbung, die das Unternehmen vom Bewerber initiativ erhält, ohne Aufforderung des Unternehmens und ohne Bezug zu konkreten Aufgaben
Cash Flow	Kennziffer, welche die in einer Abrechnungsperiode vom Unternehmen erwirtschafteten liquiden Mittel darstellt
Cost per payslip	Kosten für die Lohnadministration pro Person
Dienstalter (Betriebszugehörigkeit)	Anzahl der Jahre, die ein Mitarbeiter in einem Unternehmen verbracht hat
Durchschnittliche Anzahl Mitarbeiter	Beinhaltet die durchschnittliche Summe der Mitarbeiter pro Jahr. Es werden die »Köpfe« gezählt
EBIT	Earnings Before Interest and Taxes – Gewinn vor Zinsen und Steuern
EBIT-Marge	Umsatzrendite vor Zinsen und Steuern
Expatriates	Entsandter – Mitarbeiter, der im Ausland eine Tätigkeit für das Unternehmen wahrnimmt mit Vertrag im Heimatland
Fluktuation	Anzahl Austritte im Verhältnis zur durchschnittlichen Mitarbeiteranzahl
Freelancer	Mitarbeiter ohne feste Anstellung. In der Regel im Auftragsverhältnis
FTE	Vollzeitäquivalent – Beschäftigungsgrad der Mitarbeiter in unbefristeten Arbeitsverhältnissen. Azubis, Praktikanten, Trainees sind nicht Teil dieser Gruppe

Glossar

HC	Human Capital – Human-Kapital, Betriebswirtschaftlicher Begriff, welcher Mitarbeiter als mehrwertstiftendes Kapital betrachtet
HCROI	Human Capital Return on Investment – Kapitalrendite des Human-Kapitals
HCVA	Human Capital Value Added – Wertschöpfung des Human-Kapitals
HCCF	Human Capital Cost Factor – Human-Kapital Kostenfaktor
HEVA	Human Economic Value Added – Wertschöpfung des Human-Kapitals
HR	Human Resources – Personalwesen
HR Compensation	Gehaltskosten für die Mitarbeiter der Personalabteilung
HR Expense	Gehalts- und Infrastrukturkosten für die Personalabteilung
HR IC	Human Ressource Investment Factor – Investitionen ins Human-Kapital
HR-Report	Er enthält alle Angaben, welche für die Auswertung relevant sind. Die Datenquellen befinden sich häufig auf unterschiedlichen IT-Systemen. Es empfiehlt sich, Kennzahlen monatlich, quartalsmäßig, halbjährlich und jährlich zu erstellen und zu vergleichen
Lohnnebenleistungen	Fringe Benefits – enthalten alle obligatorischen Kosten (Sozialversicherungsbeträge, etc.) und alle freiwilligen Zulagen für Mitarbeiter (z.B. Essensvergünstigungen)
MA	Mitarbeiter
NOPAT	Net Operating Profit After Taxes
Outsourcing	Auslagerung von Dienstleistungen oder Kosten

Glossar

Personalaufwand	Alle Gehaltskosten, d.h. alle Gesamtlohnkosten inkl. Arbeitgeberbeiträge für die Altersvorsorge und die Sozialleistungen
Personalkosten	Synonym zu Personalaufwand
Ratio	Verhältniszahl
Rekrutierungskanal	Rekrutierungsquellen wie z.B. Hochschule, Personalberater, Internet bzw. Jobbörsen oder Inserate
Summe Vollzeitäquivalente	Beinhaltet die durchschnittliche Summe der Beschäftigungsgrade pro Jahr
Rookie	Erste Anstellung direkt ab Hochschule
Sign on Bonus	Vereinbarte geldwerte Leistung, welche bei Vertragsunterzeichnung vertraglich vereinbart werden
Temporärangestellter	Mitarbeiter mit zeitlich befristetem Arbeitsverhältnis
Trainee	Mitarbeiter, die Teil eines internen, zeitlich befristeten Trainingsprogramms sind. Trainingsprogramme dieser Art dauern in der Regel zwischen zwei und zwölf Monaten
Variabler Lohnanteil	Auch Bonus, leistungsabhängige, variable Gehaltskomponente, in der Regel in bar ausgezahlt
Vergütung	Gesamtentlohnung – beinhaltet in der Regel alle Entlohnungskomponenten, primär jedoch Grundgehalt und den variablen Lohnanteil
Vollzeitäquivalent	Betrachtung des Beschäftigungsgrades und nicht des Mitarbeiters. Zwei Mitarbeiter mit Beschäftigungsgrad 50% ergeben 100% FTE. Immer geringer als die Anzahl der Mitarbeiter
WACC	Weighted Average Cost of Capital = durchschnittliche Kapitalkosten
Zugang	Einstellung von neuen Mitarbeitern ins Unternehmen

Literaturverzeichnis

Bühner, R.	»Mitarbeiter mit Kennzahlen führen: Der Quantensprung zu mehr Leistung«, 4. Auflage, Landsberg/Lech, 2000
Meyer, C.	»Betriebswirtschaftliche Kennzahlen und Kennzahlen-Systeme«, 1. Auflage, Stuttgart: Poeschel, 1976
Ossola-Haring, C.	»Das große Handbuch Kennzahlen zur Unternehmensführung«, Verlag Moderne Industrie, ISBN 3-478-36740-9
Schott, G.	»Kennzahlen – Instrument der Unternehmensführung«, 5. Auflage, Wiesbaden, 1988
Online	http://www.saratoga-institute.com, 2004
	http://www.dpwn.de/personalbericht2003/mitarbeiterimmittelpunkt/diversityundchancengleichheit/gegenfremdenfeindlichkeit/, 2004
	http://www.controllerspielwiese.de/index.htm?Inhalte/Toolbox/pw11.htm, 2001/2002
	http://www.ulh-inmediasres.de/imr_v5/Html/imr_pool_5.htm
	http://www.orga.uni-sb.de/wiener_hp/scholz/rot/feedback.htm, Juni 2005
	http://wien.arbeiterkammer.at/pictures/d11/BroschuereKennzahlen.pdf, 2005
	http://www.strata-montana.de/download/unternehmer/wichtige_kennzahlen.pdf+fehlzeitenquote+kennzahlen&hl=de, 2004
	http://www.christian-scheller.de/cfs2003/skript_personalwesen.pdf, 15. Juli 2003
Wiehle, U., Diegelmann, M., Deter, H., Schömig, N.P. und Rolf, M.	»Kennzahlen für Investor Relations«, 3. Auflage, Wiesbaden, 2005

Impressum

1. Auflage

Idee:

Michael Diegelmann

Konzeption:

Michael Diegelmann
Ulrich Wiehle

Autoren & Redaktion:

Urs Klingler
Ulrich Wiehle

Coverfoto:

cometis AG

Projektleitung:

Ulrich Wiehle

Verantwortlich:

cometis AG
Unter den Eichen 7
65195 Wiesbaden

Tel.: 0611/205855-0
Fax: 0611/205855-66
E-Mail: info@cometis.de
www.cometis.de
www.cometis-publishing.de

Werden Sie Autor!

- **Sie sind ein Experte im Bereich Betriebs- oder Volkswirtschaft?**
- **Sie möchten als (Mit-)Autor teilhaben an einer erfolgreichen Buchpublikation?**
- **Sie können sich für das Prinzip übersichtlicher und kompakter Nachschlagewerke begeistern?**

Dann sollten Sie sich mit uns in Verbindung setzen! Gerne tauschen wir Ideen mit Ihnen aus und besprechen die Möglichkeiten einer Zusammenarbeit. Wenn Sie bereits konkrete Vorstellungen zu einem Buchprojekt haben, so freuen wir uns auf die Übersendung eines aussagekräftigen Konzepts. Im Anschluss besprechen wir gerne weitere Einzelheiten.

Treten Sie mit uns in Kontakt!

cometis AG
Michael Diegelmann, Henryk Deter, Ulrich Wiehle
Unter den Eichen 7
65195 Wiesbaden

Tel: 0611/20 58 55-0
Fax: 0611/20 58 55-66
E-Mail: books@cometis.de
www.cometis-publishing.de

Leseprobe

Leseprobe: Kennzahlen Dictionary

EBIT

Formel | **Rechenbeispiel**

Formel	Rechenbeispiel
Jahresüberschuss	882
± Außerordentliches Ergebnis	0
+ Minderheiten	21
+ Steuern	594
± Finanzergebnis	– 45
= **EBIT**	= **1.452**

Erläuterung

EBIT steht für »Earnings before interest and taxes«. In den USA wird die Kennzahl EBIT als Operating income bezeichnet. Dieses operative Ergebnis vor Zinsen und Steuern wird gewöhnlich für die Beurteilung der Ertragssituation des Unternehmens, insbesondere im internationalen Vergleich herangezogen. Jedoch ist das EBIT nicht nur das reine Ergebnis vor Zinsen und Steuern, wie es weitläufig bezeichnet wird, sondern genauer gesagt das operative Ergebnis vor dem Finanz- und damit Beteiligungsergebnis, was je nach Unternehmen großen Einfluss auf den Gewinn vor Steuern haben kann. Das EBIT kann alternativ auch berechnet werden, indem von den Umsätzen (inkl. sonstiger betrieblicher Erträge) alle operativen Kosten abgezogen werden.

Vorteile	Nachteile
• Lässt Rückschlüsse auf das reine operative Geschäft zu • Insbesondere unter Zuhilfenahme anderer Kennzahlen (z.B. Umsätze) werden industrieweite Vergleiche der operativen Ergebnisse ermöglicht • Verzerrungen durch steuerliche Einflüsse bleiben außen vor • Findet international Anwendung	• Nur in Bezug zu anderen Kennzahlen (z.B. Umsätze) aussagefähig • Auch Zinseinkünfte, die keine Berücksichtigung im EBIT finden (Einkünfte aus Finanzierungstätigkeit, z.B. Ratenfinanzierungen) können Bestandteil des operativen Einkommens sein

EBIT

Formula	Sample calculation
Net income	882
± Extraordinary items	0
+ Minority interest	21
+ Taxes	594
± Financial result	(45)
= **EBIT**	= **1,452**

Explanation

EBIT stands for "earnings before interest and taxes". In the US the ratio is also known as operating income/operating profit. It is generally used to assess the company's earnings position, in particular in international comparisons. However, EBIT is not only pure earnings before interest and taxes as it is referred to by many people, but in more precise terms it is the operating result before the financial and thus investment result, which may have a major impact on the pre-tax earnings depending on the respective company. EBIT can also be calculated by subtracting total operating expenses from sales (incl. other operating income).

Advantages	Disadvantages
• Allows assumptions to be made about pure operating activities • Industry-wide comparisons of operating income are possible, in particular when other ratios are also considered (e.g., revenues) • Distortions from tax effects are not included • Used internationally	• Only meaningful when considered together with other indicators (e.g., revenues) • Interest income, which may not be included in EBIT, can be part of operating income (income from financing activities, e.g., financing installments)

Index-Zertifikate

Erläuterung

Index-Zertifikate bilden die Wertentwicklung eines bestimmten Indizes, z.B. DAX, EuroStoxx, Dow Jones oder RexP im Verhältnis 1:1 ab. Das bedeutet, dass sich im Falle einer zehnprozentigen Veränderung des Indizes auch der Wert des Zertifikats um 10% verändert. Anleger haben folglich mit dem Kauf von Zertifikaten die Gewissheit, immer die gleiche Performance wie der zugrundeliegende Gesamtmarkt oder die Branche zu erreichen. Dies ist insofern attraktiv, da bei Index-Zertifikaten im Gegensatz zu klassischen Aktienfonds i.d.R. keine Ausgabeaufschläge, Verwaltungsgebühren oder performanceabhängige Gebühren anfallen. Bei Zertifikaten auf ausländische Indizes ist zusätzlich das Wechselkursrisiko zu berücksichtigen. Gleichzeitig sollte sich der Anleger vor dem Kauf vergewissern, ob die Laufzeit des Zertifikats mit dem eigenen Anlagehorizont übereinstimmt. Für viele Indizes existieren bereits Zertifikate mit unendlicher Laufzeit, was Index-Zertifikate zu einem attraktiven Produkt für die Altersvorsorge macht.

Anlagehorizont

kurzfristig < 1 Jahr	**mittelfristig 1 – 5 Jahre**	**langfristig > 5 Jahre**

Chance	Risiko
• Preislich deutlich attraktiver als Investments in Aktienfonds • Häufig keine Laufzeitbegrenzung, daher auch für langfristige Zertifikatesparpläne geeignet • Börsentäglich handelbar • Größere Risikostreuung als bei Direktinvestition in Einzelwerte	• Auch Aktienindizes können starken Schwankungen unterliegen, d.h. Marktrisiko besteht weiterhin • Mögliches Wechselkursrisiko bei Zertifikaten auf ausländische Indizes • Keine Chance auf Überrendite gegenüber Aktienindex, da keine Aktienselektion vorgenommen wird

Chancen-Risiken-Profil

niedrig 0 – 5%	**mittel 5 – 10%**	**hoch > 10%**

Leseprobe: Finanzprodukte für Privatanleger

Tagesgeld

Erläuterung

Sofern ein Anleger eine relativ sichere Rendite sucht und gleichzeitig täglich über sein Geld inklusive der erwirtschafteten Zinsen verfügen möchte, kann Tagesgeld eine gute Alternative darstellen. Hierfür wird ein Tagesgeldkonto benötigt, das von der Bank parallel zum Girokonto geführt wird. I.d.R. wird der Zinssatz bereits ab dem ersten Euro gewährt, so dass kein Mindestanlagevolumen erforderlich ist. Gegebenenfalls existiert auch eine Staffelung, so dass der Zinssatz mit steigendem Anlagevolumen höher ausfallen kann. Tagesgeld zeichnet sich dadurch aus, dass der gewährte Zinssatz variabel ist. Sofern der Marktzins steigt oder fällt, hat auch die Bank das Recht, die Zinssätze entsprechend anzupassen. Steigt etwa der Marktzins an, so profitiert dadurch auch der Inhaber eines Tagesgeldkontos, im Gegensatz zum Festgeld-Anleger.

Anlagehorizont

kurzfristig < 1 Jahr	**mittelfristig 1 – 5 Jahre**	langfristig > 5 Jahre

Chance	Risiko
• Tägliche Verfügbarkeit des Geldes • I.d.R. attraktivere Zinskonditionen als bei klassischen Sparbüchern • Hohes Angebot und starker Wettbewerb unter den Banken bieten gute Konditionen für den Anleger • Ideal zum »Geld parken«, da sehr flexibles Instrument	• Zinsänderungsrisiko während des Anlagezeitraums • Theoretisch niedrigere Rendite als bei Festgeldkonten • Tagesgeldkonditionen können »Lockangebote« für Neukunden sein, da die Zinssätze nach bestimmtem Zeitraum ggf. nach unten angepasst werden

Chancen-Risiken-Profil

niedrig 0 – 5%	mittel 5 – 10%	hoch > 10%